少有人走的路

❸与心灵对话

[美] M．斯科特·派克/著 (M. Scott Peck)
刘素云　张　兢/译

[白金升级版]

FURTHER ALONG THE ROAD LESS TRAVELED

北京联合出版公司
Beijing United Publishing Co.,Ltd.

图书在版编目（CIP）数据

少有人走的路. 3, 与心灵对话 / (美) M.斯科特 · 派克著 ; 刘素云, 张兢译. -- 北京 : 北京联合出版公司, 2020.10（2020.12重印）

ISBN 978-7-5596-4147-2

Ⅰ. ①少… Ⅱ. ①M… ②刘… ③张… Ⅲ. ①人生哲学—通俗读物 Ⅳ. ①B821-49

中国版本图书馆CIP数据核字(2020)第057981号

北京市版权局著作权合同登记号　图字：01-2020-1840 号

少有人走的路. 3, 与心灵对话

Further Along The Road Less Traveled

著　　者：[美]M.斯科特 · 派克
译　　者：刘素云　张　兢
出 品 人：赵红仕
责任编辑：徐　樟
封面设计：门乃婷
装帧设计：季　群　涂依一

北京联合出版公司出版
（北京市西城区德外大街83号楼9层　100088）
北京联合天畅文化传播公司发行
北京中科印刷有限公司印刷　新华书店经销
字数150千字　640毫米×960毫米　1/16　15.5印张
2020年10月第1版　2020年12月第2次印刷
ISBN 978-7-5596-4147-2
定价：36.00元

你不能解决问题，你就会成为问题

毫无疑问，这不是一本容易读懂的书，但可以肯定的是，这是一本无论你花多大的精力都值得读的书。

不管你是否愿意，我们在心智成熟的旅途上，都会遇见这样的问题：物质越来越丰富，心灵却越来越空虚。我们对身体的健康牵肠挂肚，对心理问题却漠然处之。在大多数人心目中，似乎只要不去跳楼，不进精神病院，就没有心理疾病。殊不知，几乎人人都有不同程度的心理疾病。

当儿女抱怨没有得到很好的照顾时，父母总会辩解："怎么没有照顾好你，缺你吃了，还是缺你穿了？！"父母似乎从来就没有意识到儿女还有心灵需求。每个家长都说深爱自己的儿女，但未必人人都懂得爱。游泳池边，一群学游泳的孩子，哭成一片，绝大多数都不敢跳进水里。一些母亲抱走了自己的孩子，她们说爱自己的孩子，不愿意让他们恐惧。也有一些母亲硬着心肠将自己的孩子赶入水中。那么，究竟谁真正深爱自己的儿女?

成长是痛苦的，一个成熟的人一定经历过许许多多痛苦，没承受过太多痛苦的人一定不会成熟。承受痛苦是走向成熟的必由之路，任何人都不能回避。

爱不是百依百顺，不是坠入情网，不是大包大揽，爱一个人就要让他独立，不管是自己的父母、妻子，还是儿女，如果你的行为阻碍了他们心智的成熟，那就不是真正的爱。爱自己的儿女，就要让他们脱离父母并拥有独立思考的能力，就是要让他们敢于面对问题和痛苦，迎难而上，用自己的双脚独自站立。

然而，遗憾的是，懂得真爱的人不多，许多人一遇到问题和痛苦，就选择逃避。他们逃避学游泳的恐惧，逃避毕业后就业的压力，逃避婚后的责任，逃避自己应该承担的一切……

逃避问题和痛苦的倾向，是人类心理疾病的根源。你不能解决问题，你就会成为问题。

成长之路充满艰辛，它不是一条平坦的阳关道，而是荒芜沙漠里的一条小径，遍布荆棘和砾石。在这条少有人走的路上，一些勇士正在前行，他们将超越自我，迈向一个新的天地。

之前，我们出版了《少有人走的路：心智成熟的旅程》，它给渴望心灵成长、心智成熟的人们带来了些许安慰。有人说："读了这本书，才真正懂得为什么说书籍是人类进步的阶梯。"也有人说："这本书，如同一盏明灯，让迷失的我，豁然开朗，终于找到了前进的方向。"还有人说："这本书治好了我的忧郁症。"然而，也有人抱怨说：“这本书太难了，我读不进去！”这毫不夸张，这本书的命运与它在美国时一样，其畅销的过程本身就充满了艰辛。

现在，我们对斯科特·派克的作品进行了再次修订，隆重推出了《少有人走的路》系列的升级版。这本即是作者的第三部作品：《少有人走的路3：与心灵对话》。正如作者所言，第一部强调的是“人生苦难重重”，第二部强调的是“谎言是邪恶的根源”，这一部强调的则是“人生错综复杂”。我们真诚地希望，它能给那些穿越人生沙漠的人带去一些安慰和启迪。

涂道坤

目录

CONTENTS

前　言

或许，你还记得《少有人走的路：心智成熟的旅程》中的第一句话：人生苦难重重。那是一个颠扑不破的真理，现在，在《少有人走的路3：与心灵对话》中，我要说的是：

人生错综复杂。

每个人都必须走自己的路。生活中没有自助手册，没有公式，没有现成的答案。某个人的正确之路，对另一个人却可能是错误的。你在这本书里找不到“走这条路”“在这儿左转”之类的指南。生活之路不是由沥青铺就的阳关道，它没有通明的灯火，更没有路标，它是荒漠中一条坎坷的小径。

在这本书里，我将尽量写下过去10年来的一些感悟，它们曾使我在走过荒漠时略感轻松。我会告诉你当我迷路的时候，我是通过那些苔藓重新找到了方向；当然，我一定会提醒你，在红树林里有许多树的四面都生长着苔藓，所以，很多时候你还得自行判断。

我还要提醒你，不要以为人生之路平坦无阻，但是只要你一步一步踏出去，就能不断前进。我个人心智成熟的进程，不一定是每个人都会经过的道路。人生的路像一连串同心圆，从圆心向外不断扩张，其中的关联无法用任何简单直接的原理说明。我们不必坚持踽踽独行，而是可以向出现在生命中任何一股超过我们的力量求助。每个人对这种力量的观点不同，可是大多数人都知道它确实存在。此外，一路行进时，也不妨与他人结伴，同舟共济。

如果这本书能对你有所帮助的话，我最大的愿望就是：它能够帮助你避免简单化的思考、放弃以偏概全的冲动，不要去寻找公式和简单的答案。人生错综复杂，我们应该为生活的神奇和丰富而欣喜，而不应为人生的变化而沮丧。生活是什么？生活是在你已经规划好的事情之外所发生的一切。所以，我们应该对变化充满感激！

人生是一场修行

第一部分

一个成熟的人一定经历过许许多多痛苦，

没承受过太多痛苦的人一定不会成熟。

Further Along
the Road Less Traveled

| 第一章

意识和痛苦

以前，我一直都在设想自己长大成熟后是个什么样子。大约七年前，我意识到成熟只是相对而言，也许自己永远无法达到真正的成熟了，因为成长是一个永不停歇的过程。于是我常常自问：“斯科特，到现在为止，你变成了什么样儿呢？”每当思及这个问题，我都会大吃一惊，因为我意识到自己已经变成了一个传播福音的人——我曾一直认为此生最不可能做的事。

人们对“传播福音的人”总是敬而远之，这个词带给人的联想很糟糕。它会让你脑海中出现这样一幅画面：一个油头粉面、指甲修剪得整整齐齐的牧师，西装革履，戴满金戒指的手捏着仿皮《圣经》，忘情高喊：“主啊，救救我！”

别担心，我并没有变成那样的人。我所说的“传播福音的人”，只是借用了这个词最原始的意义——一个散播好消息的人。不过，我还得提醒你，我也会传播坏消息。简言之，我是一个既传播好消息，也传播坏消息的福音传播者。

接着，我就会问你：“有一个好消息和一个坏消息，你想先听哪一个？”如果你与我一样，习惯于先苦后甜，你一定会说：“嗯，就请先说坏消息吧。”那么我就先宣布那个坏消息：“其实，我什么也不知道。”

一个福音传播者，竟然会承认自己什么也不知道，这似乎很荒唐。但真实的情况是，我的确什么也不知道，因为我们生活在一个神秘莫测的宇宙中。

除了一无所知的坏消息外，我还有一个关于人生旅途的坏消息，那就是“人生苦难重重”。痛苦作为人生的一部分，从伊甸园开始就有了。人生离不开痛苦，它与生俱来。

当然，伊甸园的故事只是一个神话。但如同其他神话一样，它也蕴含着真理，蕴含着人类意识产生、发展的过程。我们吃了善恶树上的苹果，就有了意识，而一旦有了意识，自我意识就会随之产生。上帝就是凭这一点知道我们偷吃了禁果——因为偷吃禁果后，我们马上就变得矜持和羞怯了。这个神话告诉我们的真理之一就是：害羞是人性的一部分。

我是个心理医生，近年来又从事写作和演讲，有许多机会接触大量优秀的、有思想的人，这些人都很害羞。当然，也有个别人认为自己不害羞，但当我们深入探讨这些问题时，他们就会觉察到自己实际上还是害羞的。偶尔遇到的几个不害羞的人，都因为在某方面受过伤害，已经丧失了部分的人性。

人都是害羞的，产生自我意识后，害羞就一直伴随着我们。

人有了自我意识便开始害羞，害羞让我们拥有了人性，成为了真正的人。但为此我们也付出了极大的代价——我们被逐出了伊甸园。

痛苦地成长

被逐出伊甸园，就是永远地被放逐，我们再也不能回头，再也无法重返乐园。

我们不能回头，只能前进。

想回到伊甸园就像试图回到母亲的子宫，回到婴儿期一样，根本无法实现。归途已断，我们不能回到母亲的子宫或婴儿期，我们必须长大。我们只能向前，穿越人生的沙漠，痛苦地走过灼热而荒芜的大地，逐渐达到更深入的意识层面。

这是一个非常重要的事实，因为大量的人类精神问题，包括吸毒、嗑药等，均源自返回无自我意识的状态的企图。在鸡尾酒会上，我们会喝上一杯，借此削弱我们的自我意识，消除羞怯。难道不是这样的吗？适量的酒精、大麻、可卡因或其他化合物，能让我们在几分钟或几小时内，再一次重温无自我意识的状态。

但是，这种重温绝不会持续太久，其代价通常也让人难以承受。正如神话所说，我们的确不能够重返伊甸园了，我们必须径直向前穿过沙漠。这是个艰难而痛苦的旅程，许多人望而却步，他们找到一个看似安全的地方，刨出一个沙坑，待在那儿止步不前，根本不愿再去穿越那令人痛苦的、遍布荆棘和砾石的沙漠。

虽然多数人都听说过富兰克林的名言“唯有痛苦才会带来教益”，但真正能践行的人很少，许多人难以忍受横穿沙漠的痛苦，于是都早早中断了这一旅程。

疾病不仅仅是生理上的失调，也表现为心理上的拒绝成熟。这种心理疾病完全可以通过心灵的成长加以调节。那些在生活中早早就停止了学习和成长，拒绝改变而故步自封的人，经常会陷入这种被称作“第二童年”的困境。他们变得牢骚满腹、吹毛求疵，并且以自我为中心。其实，这不是真正意义上的“第二童年”，而是他们“第一童年”的延续，这些人以陈旧而脆弱的成年作掩饰，暴露出的是一种拒绝成长的孩子气。

心理医生都知道，很多外表已成年的人，内心却还是个情绪化的孩子，他们裹着成人的衣服，但心灵仍停留在童年。这些人拒绝成熟，只能在人生的旅途上徘徊不前。之所以有这样的结论，并不是因为来找我们治疗的人不及一般人成熟。正相反，那些因渴望成长而来做心理治疗的人，恰恰是想摆脱幼稚和孩子气的人，他们只不过一时还没有找到出路而已。说实话，这种人为数不多。所以，我才说是少有人走的路。相反，有很多人则拒绝成长，他们不愿承受成长的痛苦和烦恼，极力在逃避，或许这就是他们特别讨厌谈论变老话题的原因。

记得 1980 年 1 月，在我写完《少有人走的路：心智成熟的旅程》后不久，在华盛顿特区，我包了一辆出租车去很多电台和电视台做节目。走了几家后，出租车司机问我：“嗨，伙计，你是干啥的？”

我告诉他，我正在推广一本书。他问：“写什么的？”

于是，我对他谈了一些心理学和信仰方面的道理。大约半分钟后，他发表了看法：“啊哈，听起来好像人生的许多屁事还真有可能兜得拢！”

虽然他是个粗人，却有洞察事物的天赋，看得出，他经历过苦难，并且没有回避，他正行进在心智成熟的旅程中。

人们就是不愿意谈论真正的成熟，因为它太痛苦了。成熟不在于你是否西装革履、谈吐文雅，而在于你是否能面对问题和痛苦而不回避。

一个成熟的人一定经历过许许多多痛苦，没承受过太多痛苦的人一定不会成熟。承受痛苦是走向成熟的必由之路，任何人都不能回避。逃避痛苦是人类心理疾病的根源，因为人人都有逃避痛苦的倾向，所以，我们大多数人都或多或少存在着一定的心理疾病。心理学大师荣格说：“逃避人生的痛苦，你就会患上神经官能症。”不少人为逃避痛苦正遭受着神经官能症的折磨，值得庆幸的是，许多人能坦然面对，及时寻求心理治疗，以积极的心态去面对人生正常的痛苦。人生的痛苦具有非凡的价值，勇于承担责任、敢于面对困难，你就能超越自我，让自己的心灵变得健康。

积极的痛苦

我愿意谈论痛苦，并不意味着我是个受虐狂。正相反，我不认为消极的痛苦会对人有所裨益。如果我头疼的话，第一件事就是服用两片强效镇痛药。我压根儿不相信普通的紧张性头痛会有什么好处可言。

不过，还有一种是积极的痛苦。两者之间的区别是：积极的痛苦是人生必须承受的；而消极的痛苦像头疼，应该尽力摆脱。

我喜欢用“神经官能性痛苦”和“存在性痛苦”来定义上述两种痛苦。举例来说，孩子长大后，他们要离开父母开始自己的人生，这时父母会觉得很痛苦。朝夕相处了十几年，孩子突然离开，父母会感到寂寞、失落和难过。但我们必须承受这些痛苦，不能为了不承受这样的痛苦，而去阻碍孩子开始自己的人生，这就是“存在性痛苦”。人一生要承受许许多多这样的痛苦，心灵之痛和肉体之痛一样剧烈，有时甚至更加难以承受，但我们必须要面对，只有经过这些痛苦的历练，我们才能逐渐走向成熟。

然而，如果你因孩子离开家而整日坐立不安，一会儿担心他出门会出车祸，一会儿担心他会碰上歹徒，甚至还为没能照顾他的生活起居而自责，那么，你正在经受的就是“神经官能性痛苦”。这种痛苦不仅无助于心智的成熟，反而还会妨碍它。

大约 40 年前，弗洛伊德的理论首先在知识分子中间传播并被曲解。有一群前卫的父母，得知敬畏之心和罪恶感有可能引发神经官能症时，他们决定培养没有敬畏之心和罪恶感的孩子。这样的想法多么让人担忧啊！

我们的监狱里之所以人满为患，就是因为那里的人没有敬畏之心和罪恶感。我们需要有某种程度的敬畏之心和罪恶感，才能在社会中生存，这就是我所说的“存在性痛苦”。

然而，我要强调的是，存在性痛苦能促进我们心智的成熟，但太多的神经官能性痛苦，却不仅不能提升我们的生存状态，还将妨碍我们的生存。这就像打高尔夫球只需要 14 根球杆，你却在袋子里装了 87 根一样，多余的球杆不仅没有用处，反而还会成为你的负担。神经官能性痛苦是多余的，它只会妨碍你穿越人生沙漠的旅程。

不仅敬畏之心和罪恶感如此，其他形式的心灵之痛，例如焦虑，同样也有存在性和神经官能性两种形式，关键在于如何做出明确的判断。

面对心灵的痛苦和人生的灾难，有一个简单但有点残忍的方法可以帮助你厘清问题，克服障碍。它包括以下三个步骤：

首先，无论何时，只要你感受到了心灵的痛苦，就要自问：“我的痛苦是存在性的，还是神经官能性的？这一痛苦是帮助我成长，还是限制了它？”刚开始的时候，可能难以回答。但假以时日，再自问这些问题，答案就会非常清楚。例如，如果我要去纽约演讲，我会为如何到达而焦虑，于是我的焦虑便会促使我去看地图。如果我不焦虑，我也许会迷路，让上千名听众在纽约空等。所以，我们需要一些焦虑才能好好活着。

然而，如果我这么想：“要是我的轮胎漏气或发生意外，怎么办？就算我到达了演讲的地方，我找不到停车位，怎么办？很抱歉，纽约的听众，因为种种原因，我无法来纽约演讲，我不得不放弃。”显然，这种焦虑性的恐惧不能给我的生活带来帮助，反而带来限制，这就是一种神经官能性痛苦。

人类是天生逃避痛苦的生物。欢迎一切痛苦是很愚蠢的，但逃避所有痛苦也同样愚蠢。我们在成长中所做的基本抉择之一，就是必须分辨神经官能性痛苦与存在性痛苦。

如果你确定正在经历的痛苦属于神经官能性痛苦，并妨碍了你的生活，那么第二步你就要自问：“如果没有这些焦虑和痛苦，我会怎么样呢？”

接着，便要进入第三步：按照这一方法行动。就像匿名戒酒协会教导的那样，“拉开架势”或“假戏真做”。

我第一次领教这套方法的功效，是为了应付自己的害羞。在听某些著名人士演讲时，我常想提一些问题，一些急欲知道的问题，并表达一下自己的看法——不管是公开说，还是私下交流。但我常常欲言又止，因为我太害羞了，害怕被拒绝，担心被人看作傻瓜。

经过一段时间，我终于问自己："你这样害羞，什么问题都不敢问，这会改善你的生活吗？你本应该提问，但害羞让你退了回来。你仔细想一想，害羞究竟是在帮助你，还是在限制你？"一旦我这样自问，答案就一清二楚了，它限制了我的发展。于是，我就对自己说："嗨，斯科特，如果你不是这么害羞的话，你会怎么做呢？如果你是英国女王或美国总统，你会如何表现呢？"答案是清楚的，我会向演讲人走去，说出我要说的话。所以，接下来我告诉自己："好的，那么，走向前去，按那个方式去表现，假戏真做，像你从不害羞那样去行动。"

我承认这会让人胆怯，但这正是勇气之所在。让我十分惊讶的是，没有几个人真正理解什么是勇气，多数人认为勇气就是不害怕。现在让我来告诉你：不害怕不是勇气，它是某种脑损伤；勇气是尽管你感觉害怕，但仍能迎难而上；尽管你感觉痛苦，但仍能直接面对。当你这样做的时候，你会发现战胜恐惧不仅使你变得强大，而且还让你向成熟迈进了一大步。

究竟什么是成熟？在《少有人走的路：心智成熟的旅程》中，我并没有给出确切的定义，尽管我描述了大量不够成熟的人。在我看来，多数不够成熟的人的特征是：他们坐而论道，牢骚满腹，怨天尤人，在他们看来似乎自己才是世界上最不幸的人，而别人都幸福美满。这样的人从来就不明白"人生苦难重重"这个真理，他们认为人生本该既舒适又顺利，所以，一旦痛苦来临，他们不是勇敢面对，而是尽力逃避。正如美国著名作家理查德·巴赫在《幻影》中所写："为自己的极限辩护，你就会永远受制于它。”与这些人形成鲜明的对照，那些为数不多的比较成熟的人，从不逃避人生的问题和痛苦，相反，这些问题和痛苦总能启发他们的智慧，激发他们的勇气，他们把成熟视为一种责任，甚至作为一个机会，勇敢地去实现生活的目标。

意识及康复

想在人生沙漠中行走得更远，你就要心甘情愿去面对存在性痛苦，并努力克服它。要做到这一点，就必须先改变你对待痛苦的态度。这儿有一条捷径，那就是承认我们遭遇的每一件事，都是有助于我们心智成熟的精心设计。

《神圣》一书中有一句非常精彩的话：“如果明白发生在自己身上的每件事，都是上苍设计好的，其目的在于指引我们走向神圣，那么，我们就会永远立于不败之地。”

没有比这更好的消息了。一旦我们领悟到，发生在我们生活中的所有事情，都是用来指导我们生命旅程的，我们注定会成为赢家。

然而，要达到这样的认识高度，必须彻底转变对痛苦的看法，同时也要彻底转变对意识的看法。在伊甸园的故事里，人类吃了善恶树上的禁果后，就有了意识，有了意识，也就有了痛苦。所以，意识是我们痛苦的源泉。倘若没有意识，也就无所谓痛苦。但意识并不只是给我们带来痛苦，它同时还会给我们带来摆脱痛苦、获得救赎的动力。而救赎本质上就是治疗。

意识是痛苦之源，没有意识，就感觉不到痛苦。我们帮助别人减轻身体上的痛苦，最常用的方法就是麻醉他们，让他们暂时失去意识，感觉不到痛苦。

痛苦完全由意识引起，但救赎的动力也来自于意识。拯救的过程就是意识逐渐增强的过程。随着意识的增强，我们就不会像那些不愿成熟的人一样，畏缩在洞里止步不前，我们会一步一步地进入沙漠。在继续前行时，我们会承受越来越多的痛苦，但我们也因此变得越来越成熟。

我说过，“救赎”的意思是“治疗”，它来源于词根“药膏”。“药膏”就是那种涂在皮肤上治疗过敏或发炎的东西。因此，救赎既是一个治疗的过程，同时也是一个逐渐完整的过程。健康、完整和神圣全都源自于同一个字源，它们有着相同的寓意。

弗洛伊德是一位无神论者，他第一次揭示了治疗和意识之间的关系。他认为，心理治疗的目的就是让潜意识从尘封的深渊浮出水面，转化为意识。换句话说，心理治疗的目的就是要增强人的意识，要让人的意识勇敢地直面潜意识，不要逃避、不要躲闪。

卡尔·荣格进一步帮助我们理解了这一点，他把人类邪恶和心理疾病的根源描述为“拒绝面对阴影”。荣格所说的“阴影”，是指心灵中我们不愿意承认的那一部分，我们一直在回避它，将它藏匿在潜意识的地毯之下，不让自己和别人知道。当我们被自己的罪恶、失败或痛苦逼到墙角时，大多数人都会承认自己的阴影。请注意，荣格在这里用了“拒绝”二字。这就是说，人类的邪恶和心理疾病并不是“阴影”本身造成的，而是在于“拒绝”阴影。“拒绝”是一个主观意念极强的行动，那些邪恶和有心理疾病的人，最显著的特征就是，他们拒绝任何罪恶感，他们不是没有良心，而是拒绝承受良心的痛苦。

事实上，邪恶和有心理疾病的人很多都非常聪明，他们能够意识到绝大多数事物，但就是不愿意承认自己的阴影，不愿意承受内心的痛苦，不愿意让阴影由潜意识转化为意识。相反，他们会尽最大的努力，霸道地去藏匿自己的阴影。有时为了摧毁罪恶的证据，他们甚至不惜杀人放火，走向犯罪。

正如我在《少有人走的路：心智成熟的旅程》中说过的那样，人们的心理疾病大多源自意识的失调，而不是源自潜意识。一句话，心理疾病是源自一个有意识的心灵拒绝去思考，拒绝去承受思考的痛苦。

沙漠中的绿洲

意识会带来痛苦，同时也能带来快乐。随着你进入沙漠腹地，走得越远，你就越有可能发现那些小小的绿色，那些你从未见过的绿洲。如果更深入一些，甚至可能在沙地下发现一些潺潺流动的小河。如果再继续，或许还能够实现自己的夙愿。

如果你对此有所怀疑，那么，一个在沙漠里跋涉了很远的人，他将向你讲述自己的心灵之旅。这个人就是诗人艾略特，他早先闻名于文学界，是由于写了大量枯燥无味、令人绝望的诗歌。他在 29 岁时发表的诗歌《普罗弗洛克的情歌》，就是这一时期的代表作：

> 我老了……我老了……
> 我连裤子都穿不利落了。
>
> 我把头发分在后面好吗？
> 我敢吃一个桃子吗？
> 我会穿上法兰绒裤子，走向海滩。
> 我听到了美人鱼在歌唱，一首又一首。
>
> 我想她们不会唱给我听。

诗中的普罗弗洛克和艾略特一样生活在上流社会，生存在高度文明的世界，同时又生存在心灵的荒原上。意识到这一点很重要，不出所料，五年以后，艾略特发表了一首题为《荒原》的诗。在这首诗里，他的着眼点实际上就是沙漠。尽管这也是一首枯燥乏味和令人绝望的诗作，但第一次，在艾略特的诗里出现了一小片的绿意，些许的植被点缀其间，以及水的映像和岩石的暗影。

50 岁左右，艾略特写下了像《四个四重奏》这样的诗作，诗歌中第一次出现了玫瑰园、鸟儿的啼鸣和孩子的欢笑。此后，他陆续写了不少同类型的作品，这些诗作充满了丰富的、生机勃勃的绿色。最终，他非常快乐地走向生命的终点。

当我们艰难地行走在坎坷的、荆棘密布的人生旅途，与痛苦进行抗争时，或许能够从艾略特身上获得许多安慰。旅途中，我们需要安慰，而不是自欺欺人。

生活中，我们经常能看到打着治疗的名义，实际上却自欺欺人的人。他们这么做，完全是因为以自我为中心。例如，里克是我的朋友，他陷入了痛苦，但我不喜欢经历痛苦，于是想尽快帮他治愈，这样我就不必再为他而痛苦。因此，我就对他说些不痛不痒的话，诸如:“噢，你妈妈去世我很难过，但别太伤心了。她是到天国去了。”或者:“嗨，我也遇到过这种事，最好的办法就是出去发泄一下。”

可是治疗一个人痛苦的最好方法，往往不是设法消除痛苦，而是应该与他一起承受。我们必须学会聆听和分担他人的痛苦，这也是意识成长的全部内容。随着意识的成长，我们能更加看清他人的把戏和伎俩，同时也能更深切地体会他们的沉重和悲哀。

随着心灵日渐成熟，我们能越来越多地承担他人的痛苦，然后，你会惊奇地发现：你愿意承担的痛苦越多，感受到的欢乐也就越多。最终你会觉得，这样走到人生的终点真是太值得了！

第二章

责备与宽恕

成长不仅要学会承受痛苦，还要学会宽恕。生活中，我们常常会因自己的问题而责备他人——

> “不是因为他，我就不会陷入这样的困境，是他害了我。”
>
> “我之所以有今天，都是因为我那个可恶的丈夫，对他，我痛恨至极。”
>
> “你们这些不听话的孩子，不是为了你们，我本来可以干出一番大事业来，都是你们拖了我的后腿。”

生活中，这样的抱怨和诅咒总是不绝于耳。责备他人，实际上是在逃避自己的责任和应承受的痛苦。因为面对问题，从内心出发，当事人就必须自我反省，这个过程非常痛苦，常常会令人望而却步。正因如此，许许多多的人才放弃了反躬自省，选择了责备他人。

如果一个人总是责备他人，十有八九是患有人格失调症。我们每个人都有逃避责任的心理趋向，所以，几乎人人都患有不同程度的人格失调症。不过，只要我们勇于面对自己的问题，多些宽容，我们就能获得健康的心理。

选择责备，还是选择宽容，在一定意义上，意味着你是选择心理疾病，还是选择心理健康。从本质上讲，宽容是一种非常自私的行为，因为它最大的价值就在于能够治疗自己内心的创伤，因此，宽容的第一受益者是宽容者自己，而不是宽容的对象。

责备与愤怒

责备总是从愤怒开始。所以，我应该首先谈谈愤怒。愤怒是一种强烈的情感，它源自大脑，源自一些叫作神经中枢的神经细胞群。在我们称作中脑的那个部位，这些神经中枢负责情感的产生和控制。神经外科医生对此非常清楚。在实验中，局部麻醉的病人躺在手术台上，医生将电极插入他的大脑，并释放出一毫安的电流，于是，一种奇特的感受就会在病人的心中出现。

我们的大脑有一个兴奋中枢，如果神经外科医生把电极插入该区域，并释放一毫安的电流，躺在手术台上的病人就会说："哇，你们这儿的医生真是太棒了，医院也了不起。再来一次，好吗？"这种兴奋的感觉非常强烈。海洛因等毒品之所以能让人上瘾，就在于它刺激了我们的兴奋中枢。

在小老鼠身上曾做过这样的实验：神经外科医生将一根电极插入小老鼠的兴奋中枢，并设置了一个连杆，小老鼠每按压一次，就能获得一次兴奋。为了获得这种兴奋，小老鼠不停地按，没完没了地寻求刺激，放弃了吃，放弃了喝，直至饿死。小老鼠是不折不扣的"快乐至死"！

离兴奋中枢不远，就是另一个完全不同的情感中枢——抑郁中枢。如果神经外科医生将一根电极插入抑郁中枢，并释放一毫安的电流，躺在手术台上的病人就会说："噢，天哪，所有东西看上去都是灰的，我感到害怕，我觉得不舒服。求求你停下来。"同样，大脑中还有一个愤怒中枢。如果神经外科医生刺激它的话，他们最好先把病人绑牢在手术台上。

这些中枢经过千万年的进化，最终在人类的大脑里形成。它们的存在自有其深远的意义。比如，你剔除了孩子大脑的愤怒中枢，目的是让他不能再愤怒，那你就会有一个非常顺从的孩子。但是你想过吗？这样一个顺从的孩子将来会发生什么事？当他上了幼儿园，上了一年级、二年级，他可能会受尽欺侮，遭人践踏，甚至送命。愤怒有存在的必要性，为了生存我们需要它，愤怒本身并不是个坏东西。

人类愤怒中枢的作用机制与其他生物完全一样，基本上都遵循着划分领地的法则，一旦其他生物侵犯了我们的领地，愤怒中枢就会启动。譬如，当一条狗流浪到另一条狗的领地时，双方就会发生打斗。人类的情形与此没什么两样。只不过对人而言，领地的定义更为复杂罢了。人不仅会因为地理上的领地遭遇侵犯而愤怒，例如看见有人闯进我们的花园采摘花朵，就会勃然大怒；我们还有一块心理上的领地，无论什么时候、无论什么人批评我们，我们都会愤怒；此外，我们还有一个意识形态上的领地，无论何时，任何人批评我们的信仰或中伤我们的思想，我们也会变得愤怒。

由于我们的愤怒中枢随时都可能燃烧，而且往往在不该发生的时候发作，所以我们必须学会宽恕。有时，我们必须这样想："我的愤怒是愚蠢而幼稚的，那是我的错。"有时，我们不得不做出让步："这个人的确侵犯了我的领地，但这只是一个意外，没有必要为此发怒。"或者："他是稍微侵犯了我的领地，但这不是什么大事情，不值得大动干戈。"然而，当确信某人确实严重侵犯了我们的领地时，就有必要对那人说："听着，我真的很生气。"有时，马上表现出愤怒是必要的，应立即对那个家伙进行谴责。

所以，当我们的愤怒中枢启动时，至少有几种方式可以选择。我们不仅需要知道有哪些反应方式，还必须知道，在特定情势下哪种反应最恰当。这是一门极其复杂的学问，一般人总要等到三四十岁，才知道如何处理愤怒，甚至还有一些人终其一生也学不会应对愤怒。

责备与评判

当某个人使我们勃然大怒时，我们同时也对那个人做出了判断——他以某种方式冒犯了我们。

16 岁的时候，我赢得了第一次也是唯一一次演讲比赛的冠军，题目是“评论别人的人，必定被别人评论”。我阐述的观点是，我们不应该对别人妄下断语。结果那次比赛，我赢得了一罐网球。

现在，我相信，人在一生中不评判别人是不可能的。我们必须对跟谁结婚、不跟谁结婚，雇用谁、解雇谁等等问题做出判断。我们判断的质量决定着我们生活的质量。

不去评判别人，你自己就不会被评判。但并不是说：永远不要评判。只不过每一次对别人品头论足时，也要准备接受别人的品头论足。《圣经》里曾说过：“先去掉自己眼中的梁木，然后才能看得清楚，去掉你兄弟眼中的刺。”意思是，在评判他人之前，先评判你自己。

《圣经》中有这样一则故事，一群愤怒的人们要将石块砸向一个通奸的妇女，耶稣说：“你们中间谁是没有罪的，谁就可以拿石头打他。”结果，群众默然。既然我们所有人都有罪，那是不是意味着我们就不应该扔石头，不应该责备或评判别人？最后，没有一个人向那个女人扔石头。耶稣于是对她说：“看来没有一个人责备你，那么我也不责备你了。”

虽然我们都是有罪的，但有时扔一块石头也是必要的。当一个雇员连续四年没能完成计划或是第六次撒了谎，这时就需要对他说：“恐怕要请你离开了，我不得不解雇你。”

解雇人是一个非常痛苦而残酷的决定。你怎么知道自己是在恰当的时候，做出了恰当的判断呢？你怎么知道自己就正确无误呢？答案是——你不知道。所以，在评判别人时，你必须永远首先审视自己，虽然你可能知道，除了解雇那人之外别无选择，但你也有可能发现，这之前有许多你能做却没有做的事情，如果你早谋对策，或许事态就不至于此。

你需要自问：“我关心过这个人和他的问题吗？第一次发现他撒谎时，我有没有直接找他对质？还是因为难为情而一味放任，以致最终变得不可收拾？”假如你诚实地回答了这些问题，你会从另一角度去处理问题，防患于未然，也会省去做残酷判断的麻烦。

责备的规则

世界上大奸大恶之人，都是一些非常顽固、自以为是、很自私的人。他们认为自己的意志才是最重要的，所以总是喋喋不休地责备别人，你别指望从他们那儿看到什么好脸色。

对大多数人来说，如果发现错误并反躬自省，我们通常就会找出问题所在，并做出相应的自我调整。我把那些不会自我调整的人称为“说谎的人”，因为他们的显著特点之一，就是自欺欺人，对自己的错误和陋习茫然无知。他们的习惯性思维就是认为自己是最好的，无论何时何地。即使错误有迹可循，他们也不会做出自我调整，反而去抹杀这些错误痕迹，并为此消耗他们大量的精力。不仅如此，他们还盛气凌人，经常责备他人，将自己的意志强加于人，以保护他们自己的病态。这种抹杀和责备，恰恰就是他们的罪恶之源。

我们一定要警惕，责备与愤怒和仇恨一样，都会给人带来痛快的感觉。发泄愤怒能让人痛快，责备他人能让人舒服，仇恨则让人过瘾。它们就像其他使人快乐的活动一样，容易让人上瘾——你甚至会迷上它，并养成习惯，无法自拔。

人们在读一些怪诞小说时，常常会不自觉地模仿书中的情节。我听过这样的例子：一个着了魔的人蜷缩在角落里，啃着自己的脚踝。这图景令我想起中世纪的地狱画，你在画里面能看到同样或类似的景象——一个可恶之人在啃自己的脚踝。这使人陷入非常怪异和不舒服的状态。开始，我对此颇为不解，直到我读了弗雷德里克·比克纳的《如意算盘：神学 ABC》后，我才有了更深的理解。比克纳把“愤怒”描述成一个啃自己骨头的人：只要有一点肌腱，只要有一点骨髓，只要有一点剩下的，你就会不停地啃。唯一的问题是，你正在啃的是你自己的骨头。这是一个多么形象的比喻啊，“愤怒”的情绪正是那个在地狱里啃自己脚踝的人。

抓住愤怒不放，就像抓住自己的脚踝啃啮一样，令人恐惧。然而，不仅愤怒如此，责备也同样如此。责备他人会成为一种习惯。当你总是责怪某人对你不好，你就会陷入啃啮的循环，直至生命终结。正因为如此，“责备游戏”常被看作“心理游戏”最基本的特点。伟大的心理治疗大师艾瑞克·伯恩在他的著作《大众的游戏》中，首先使用了“心理游戏”这一概念。他将其定义为两个以上参与者，因一些没有说明的原因而发生的“反复式互动”。这种“反复式互动”，久而久之就成了习惯，而且毫无新意，是一种缺乏创造力的重复。而“没有说明的原因”，指的是一些没说出口的东西，一些隐藏在外表下的秘密的东西，甚至是一些心理游戏惯用的伎俩。

“责备游戏”也可被称作“要不是因为你”游戏。我们大多数人都玩过。婚姻游戏就是其中最常见的。例如，玛丽会说：“是啊，我知道自己是个爱唠叨的人，但那是因为约翰总是沉默寡言。我不得不唠叨以便与他交流。要不是他这样，我才不会唠唠叨叨的。”而约翰说：“我知道自己沉默寡言，但那是因为玛丽的唠叨，我不得不以沉默应对。如果她不这样，我愿意与她交流。”

这成了一种没完没了的循环。这种游戏的特点是循环往复，难以打断。在解释如何才能停止这种心理游戏时，伯恩讲了大实话，也是真理。他说，停止一个游戏，唯一的方式就是停止，不再进行。听起来简单，做起来却十分困难。就说你怎么停止吧！

还记得“大富翁棋盘游戏”是怎么玩的吗？你可以坐在那儿说：“哼，这真是一个愚蠢的游戏，我们都已经玩了四个钟头了。它可真是幼稚。我还有更要紧的事去做。”但是随后轮到你叫牌时，你又嚷道：“200 美元还我！”

无论你如何抱怨，只要轮到你叫牌时，你都会继续拿出自己的 200 美元，继续玩下去。除非一个玩家站起来说：“我不再玩了。”否则，这样的两人游戏，就能一直进行下去。

即使你要停止，另一个玩家或许还会劝：“可是，乔，你刚叫了牌。这儿是你的 200 美元。”

“不，谢谢，我不再玩了。”

“但是，乔，你的 200 美元。”

“你没听见吗？我不再玩了！”

停止游戏的唯一方式就是停止。

要停止责备的游戏，需要的是宽容。宽容的确切含义是：责备游戏到此结束。我知道这的确很难。

廉价的宽恕

如今，许多人不知为何，突然认为宽恕是一件很简单的事。

而现实恰恰相反。这种错误的认知容易把人引入某种陷阱。有一本非常流行的著作《有爱无恐》，作者是杰拉尔德·詹姆泼尔斯基，一位心理医生。这是一本关于宽恕的书，是一个非常重要的课题，但问题在于詹姆泼尔斯基认为宽恕是一件很容易的事，他对此只做了一个笼统的说明，并没有对宽恕的主体——人，做出分析。

一般来说，对于笼统的想法和观念我总是心存疑虑，因为它们有过分简单化的倾向，容易使人惹上麻烦。我想起一位苏菲派大师说过的话："在我说哭泣的时候，我的意思不是叫你一直哭泣。在我说不要哭泣时，我的意思也不是要你总是保持滑稽。"但不幸的是，越来越多的人开始相信"肯定"的意思就是"永远肯定"。我在 90% 的情况下都同意，并不意味着对余下的 10% 也表示赞同——当面临某个像希特勒这样的人时，仍然"肯定"的话，那无疑就是你做的最糟的事了。

不要搞错了，"宽恕"和"肯定"不是一回事。"肯定"是避免与罪恶正面冲突的一种方式。它是说："是的，我继父在我还是小孩子时猥亵我，但那只是他人性的弱点，部分是因为他在孩提时被伤害过。"而宽恕却要直截了当地面对罪恶。它要求你对继父说："你做的事情是错的，尽管你有自己的原因，但你对我是犯了罪的。我知道得很清楚，但我还是原谅你。"

想象力再丰富的人，要想做到这样也不容易。真正的宽恕是一个非常非常艰难的过程，但它对你的心理健康绝对必要。

许多人都在忍受着"廉价的宽恕"所带来的烦恼。他们第一次来看医生时，都说："我承认我的童年过得不完美，但是我的父母已经尽力了，而我原谅了他们。"但是当医生了解了他们的情况后，发现这些人根本没有原谅他们的父母。

他们只不过让自己相信自己原谅他们了。

对于这样的人，治疗的首要任务就是把他们的父母放到"审判席"上。这要做大量的工作：需要在心理上起草诉状和辩护状，然后是上诉和庭审，直到最终做出判决。由于这一过程需要太多的精力，所以多数人都选择了廉价的宽恕。

值得注意的是，宽恕首先必须面对罪过和有罪过的人，不能回避，不能躲闪，它的前提是：必须先做出有罪的裁决——"不，我的父母没有尽力，他们本来能够做得更好，他们对我造成了伤害"——只有这样，真正的宽恕才开始起作用。

你不可能宽恕一个没有罪过的人。宽恕只有在有罪裁决后才生效。

自毁模式

在前来治疗的人中，不少人有受虐狂倾向。我不是指他们从身体的痛苦中获得性快感，而是指他们纯粹是在以某种奇怪的方式慢性自毁。一个典型的例子是，有这么一个人，他杰出而能干，在他的领域里升迁得很快，但他却在 26 岁即将成为公司最年轻的副总时，做出了一些绝对可耻的事情。事发后，他被辞退了。由于出色的工作能力，他很快又被另一家公司聘用了，又是飞快地升迁，在 28 岁，恰好又要被提升时，他重蹈覆辙，再次被解雇了。第三次出现这种情况后，他开始意识到自己可能陷入了某种自毁状态，一种受虐狂的模式。

另一个例子是关于一个女人的。她漂亮迷人，出色能干，但是，她却不停地与一个又一个注定不成器的男人约会。

陷入这种慢性自毁状态的人通常也是廉价宽恕的牺牲品。你会发现他们总是在说："噢，我没有很好的童年，但是我的父母都尽力了。"

为了解释为什么廉价的宽恕毫无功效，为什么只有真正的宽恕才能有助于你从自毁的陷阱里逃脱，我首先要解释，构成受虐狂的基础是什么。要想说明这一点，最好的方式就是回顾一下孩子们的心理动力因素，这些因素对成人来说是心理疾病，在孩子们当中却显得很正常。拿 4 岁大的约翰来说，他想在客厅里玩橡皮泥，而妈妈说："不，约翰，你不能玩那个。"

约翰坚持说："不，我要玩。"

妈妈还是说："不，你不能玩！"

约翰跺脚上楼，哭着进了自己的卧室，"砰"的一声关上了门，在里面哭起来。5 分钟后，哭声停了，但他仍没出来。半小时后，妈妈想自己该做些什么哄孩子高兴。她知道，约翰最喜欢的东西莫过于巧克力冰激凌蛋卷了，于是她深情地做了一个巧克力冰激凌蛋卷送上楼去，发现约翰还躲在房间的角落生气。

“瞧，约翰，我给你做了一个巧克力冰激凌蛋卷。”她说。“不要！”约翰嚷道，“啪”的一下把蛋卷从她手上打落。

这就是受虐狂的反应。约翰在最喜欢的一件东西唾手可得时，却这么轻易地把它丢掉了。为什么？因为比起对冰激凌的爱来说，约翰当时对妈妈的恨更胜一筹。受虐狂就是这样，他总是伪装成施虐狂，假装仇恨，假装发怒。前面所说的那个能干的男人，在提升之际以自毁的方式断送了自己的前程，这是因为他心中有恨，他心中的恨超过了他想要的一切。当然，他自己无法意识到这一点，因为他童年的怨恨已深深地植入了自己的潜意识，不管他的意识是否能觉察，这种自毁的模式随时随地都在起作用。那个迷人而能干的女人也同样如此，由于她没有真正宽恕自己的父母，童年的阴影一直跟随着她，她根本无法摆脱。童年一克的阴影，长大后就会变成一千吨的自毁，而要消除其危害，就要做到真正的宽恕。所以，我说宽恕最大的受益者不是别人，而是自己。

处于这种自毁状态的人在前来治疗时，都精通于“责备游戏”。他们的潜意识会说：“瞧我的父母（因为通常事关他们的父母），都是他们把我毁了！”这就是他们正在啃的骨头——记住，他们总是在啃自己——他们最初的动机就是让世人知道，他们那可恶的父母是如何毁掉他们的。如果他们自己身体健康，事业成功，婚姻美满，儿女有出息，他们就不会说：“看，都是他们把我毁了！”由于他们始终处在自毁的状态之中，所以他们根本无法成功。他们越不成功，就会越责备；越责备，就会越不成功。不停地责备就是他们的“骨头”，继续啃下去的唯一方式，就是继续自毁。而改变现状的唯一方式就是宽恕，真正地宽恕他们的父母，但这是非常非常艰难的事情。

宽恕的必要性

我有一个病人，在他小的时候，因为父母的原因，过着地狱般的日子，对此他耿耿于怀。他对我说：“你知道，如果我能去告诉他们，他们是如何伤害了我，而他们能够道歉，哪怕只是听我倾诉一下，我都会宽恕他们。可是，每当谈起他们对我的伤害，他们会说那些事都是我捏造的。他们连自己做过什么都不承认，而我却一直独自承受所有的痛苦。他们给了我所有的痛苦，他们却一点儿痛苦都没有，你还指望我原谅他们？”

我回答道：“是的。”

原因在于，宽恕对于治疗是必要的，虽然它是令人痛苦的。我必须对这样的病人解释，如果他们不能原谅自己的父母，就会一直处于自毁状态不能自拔，不管他们的父母是否道歉或倾听。

那些拒绝宽恕的病人，常常会提出一些具有共性的问题。一个病人问我：“为什么我们非得谈论这些讨厌的事情？我们总是在说我父母所做的坏事，这对他们真的是不公平。你知道，他们也做了些好事。这是不公道的。”

我会说：“当然，你的父母做了一些好事。其中一件就是——你现在还活着。要不是他们做了一些正确的事，你甚至都不可能活着了。但是，我们盯住坏事不放的原因是‘萨顿法案’。”

病人会茫然地看着我：“萨顿法案？”

“是的，这是一项以威利·萨顿的名字命名的法律。他是一个有名的银行抢劫犯。当法官问萨顿为什么要抢银行时，他说：‘因为钱在那儿啊。’”

心理治疗医生之所以关注那些令人讨厌的事情，是因为从那儿可以得到回报，不仅是我们自己，也包括我们的病人。因为那是所有创伤和疤痕的所在，那是需要治疗的地方。

有的病人第一次来治疗时，他们甚至更直接地问我：“为什么我们非要挖掘不好的记忆？为什么不忘掉它？”

原因是我们不可能忘掉那些不愉快。如果不能真正忘掉，我们就只能真正原谅。宽恕是一件困难的事，为了逃避它，我们才总是试图驱赶那些让人反感的记忆。

有时，人们可能会出现错误的记忆，对此我们要有所警惕。这是内心的压抑造成的。有些人会通过一种叫作“压抑”的心理机制伪造记忆，把某些亲身遭遇的事排除到意识之外。然而，虽然在意识层面它貌似消失了，但它并没有真正消失。实际上，它变成了一个纠缠我们的魔鬼，使事情变得更糟。

例如，对于那些在两三年时间里，频繁遭到性骚扰的女子，她们有可能会真的忘记那些事。她们甚至都不记得一点蛛丝马迹，原因是她们压抑它。最后，这些女人却不得不接受治疗，因为她们无法处理好同其他男人的关系，把自己的感情生活弄得一团糟。她们尽管压抑了童年的经历，却摆脱不了它的阴影。早先的那些经历，她们并没有真正忘记，而是以另一种形式存在，继续纠缠着她们。

所以，我会告诉我的病人，我们不可能真正忘掉任何事情，充其量是跟它达成协议，把它保持在一个可以记住、又不觉得痛苦的临界点。然而，作为治疗的第一步，必须首先承认“有罪”。然后再开始愤怒，再审判，定罪。但是要注意掌握好尺度。愤怒的时间越长，伤害自己的时间也越久。

的确，从根本上讲，宽恕是自私的。宽恕他人，并不是为了他人，他们可能不知道自己需要被宽恕，也可能不记得自己的过错，他们可能会说：你只不过是在编故事。他们甚至可能已经死去。之所以要宽恕，完全是为了我们自己，为了自己的健康。撇开治疗的需要不谈，如果我们抓住愤怒不放，心灵就会停止成长，我们的灵魂之花也会因此枯萎。

| 第三章

复杂的人生

《少有人走的路：心智成熟的旅程》中，我强调的是“人生苦难重重”。人生之路就是由一连串的难题铺成，一个难题解决了，新的难题和痛苦又会接踵而至，使我们疲于奔命，不断经受沮丧、悲哀、难过、寂寞、内疚、焦虑、痛苦和绝望的打击，从而不知幸福和舒适为何物，这就是真实的人生。

如果我们能领悟这一点，就能实现人生的超越。但遗憾的是，许多人都害怕承受苦难，遇到问题就慌不择路，束手无策。有的人不断拖延时间，等待问题自行消失；有的人对问题视若无睹，或选择忘记它们；有的人借酒消愁，想把问题排除在意识之外，换得片刻解脱。我们总是回避问题，而不与问题正面搏击，我们只想远离问题，不想承担解决问题的痛苦。回避问题和逃避痛苦的趋向，是人类心理疾病的根源。换句话说，人们在面对问题和痛苦时，必须做出选择：你若选择面对痛苦，迎难而上，你的心智就会得到成熟；你若选择逃避，你也就为自己选择了心理疾病。

在本书中，我要强调的则是“人生错综复杂”。人生不仅苦海无边，而且还复杂多变，没有一成不变的人生。如果我们不能领悟这一点，不仅不能实现人生的超越，而且还会被心理疾病纠缠。

几年前我的一名病人，就是一个很好的例子。他最主要的特征以及最明显的缺陷，就是抗拒任何改变。我们生活在一个多变的世界，如果认为世界不可改变，或抗拒改变，这不是幻想就是自我欺骗。这个病人住在一个乡村小镇，离我办公室约20分钟路程。他每周来治疗两次，为期四年，花掉了毕生的积蓄。他在时间与金钱上的投入似乎证明了成长与改变的意愿。但是，我发现并非如此。

刚开始时，我给了他一张地图，告诉他，到我的办公室有一条捷径，这样就可以节省时间和金钱。六个月后的一天，他抱怨开车来诊所太花时间了。我就说：“约翰，你可以走捷径。”他回答说：“对不起，我弄丢了地图。”于是，我又给了他一张。

又过了六个月，他仍然抱怨太花时间。我问：“你有没有走捷径？”他说：“没有，现在是冬天，我不想冒险走结冰的山路。”大约一年之后，也就是开始治疗两年之后，他再次抱怨。我再次问道：“约翰，你有没有试一试捷径？”他说：“噢，我有，但没有节省多少时间。”于是，我一反以往典型的分析治疗，说：“约翰，起来，跟我走。我们去做个实验。”

我让他在记录或驾驶这两者中选择，他选择了记录。我们上了车，走了他平常的路径，又走了一次捷径，后者少了约 5 分钟。我说："约翰，我要指出一件事。你每次来我办公室，来回路上多花了 10 分钟。这两年来，你多走了约 2000 分钟的路，也就是 3 天。你浪费了 3 天的生命。不仅如此，你也多驾驶了 5000 多公里。而且，你还用说谎来掩盖你的神经官能症。"

一年之后，也就是经过三年的治疗，约翰终于说："嗯，我想，我认为，我生命中的主要问题是逃避问题，拒绝任何改变。"人生复杂多变，正确的做法是不断接受变化，调整自己的心态，修正心灵地图。但约翰却拒绝改变，这就是他不走捷径的原因。因为走捷径就要求他必须以打破常规的方式来思考与行动。接受治疗也是如此。约翰意识到自己的问题之后，本可以就此获得突破，但遗憾的是，约翰使用了"我想"与"我认为"这样的话语，清楚表明他仍然对改变的必要性心存迟疑。可见，他的神经官能症非常严重。这不是一个成功的案例，直到治疗的最后一刻，他仍然逃避问题，拒绝改变。许多人像约翰一样，都在拒绝改变与成长，他们不愿意面对重塑自我的痛苦，不愿意去改变那些自己视为真理的假设与幻想。长此以往，就会陷入疾病的囹圄。

拒绝简单的思考

思考是困难的，思考是复杂的，思考是一个过程。在一个人习惯“深思熟虑”之前，周密的思考往往是一个费力而痛苦的过程。因为思考的轨迹与方向时常不是那么清楚，步骤与阶段也不总是直线进行。因此，如果我们要想思考得更加周密，解决生命中的问题，就必须拒绝简单的思考方式。

人们个性不同，却容易犯同样的错误，他们相信自己知道如何思考与沟通。事实上，多数人根本不了解自己这样想和这样做的真正原因。一旦深入追问，就很容易发现，他们对于真实的思考与沟通知之甚少。

从当心理医生的经验和平时的观察中，我总结出缺乏完善思考的种种常见错误。其中之一就是根本不去思考；另一个错误是，根据肤浅的逻辑、成见与标签妄自揣测；还有一个问题是，认为思考与沟通无须努力，甚至认为思考是浪费时间。

像学习的能力主要依赖思考一样，我们思考的能力也主要依赖学习。人类与动物最重要的区别就是学习能力。

与其他哺乳类动物相比，人类幼儿的依赖期相当漫长。本能的缺乏，让我们需要时间去学习，从而自立；学习是我们意识成长，思想独立，掌握生存所需知识的必由之路。

年幼时，我们依赖别人的抚养，接受他们灌输的思想和学习的内容。由于长时间地依赖，我们的思考模式明显有着他们的印迹。如果他们的思考周密，教导我们学习思考，长大后就会受益无穷。如果他们的思想是多疑的、扭曲的或是狭隘的，我们的思想就会因为效仿而变得刻板和僵化。但不要因此认为我们将万劫不复。因为，随着逐渐长大，我们无须依赖别人，就可以独立思考和行动，形成自己的思考模式。

当然，每个人思维方式都不一样，但是许多人在做决定时——甚至是至关重要的决定——都只根据很少的信息。面临决定时，大多数人不愿意深思熟虑，他们情愿相信草率的成见与臆断。为了避免格格不入，他们自愿成为大众媒体谎言的猎物。即使内心有一个声音告诉他们，事情非常可疑，他们仍然会屈从。还有一些人，原本是圆形的，却试图强迫自己嵌入方形的文化空格中。他们不愿意挑战标准，以免成为不受欢迎和不正常的异类，因此常常生活在悔恨中。莎莉 35 岁，有稳固的事业，但仍单身，在社会的怀疑眼光和“老处女”的舆论压力下，她未加深思便屈就自己，嫁给了一个认识没多久的男人。多年后，莎莉才明白，她应该听从自己对于婚姻的思考，而不应听从简单的舆论。

所有的精神失调都是思想失调。有极端精神症状的人，比如精神分裂症，很明显是思想混乱的受害者，他们的思想与现实距离非常遥远，日常生活也很混乱。在社交与工作环境中，我们都见过自恋狂、强制性人格与被动依赖性的人。他们的心理很脆弱，但表面看起来很“正常”。事实上，他们也是混乱的思考者：自恋狂者不会关爱其他人；强制性人格的人无法统观全局；被动依赖性的人无法为自己着想。

这些年来，我所接触过的每一个患者，思考都有某种程度的混乱。大多数接受治疗的人不是患有神经官能症，就是人格失调症。即使从未看过心理医生的大众，也存在类似状况，这些都是混乱思考的产物。

一切心理疾病都源于混乱的思考，而一切混乱和草率的思考都源于人们逃避问题和痛苦的趋向。周密而完善的思考是一个非常痛苦的过程，只有不畏艰难、勇敢向前的人，才能真正做到。

的确，要有勇气才能与众不同。如果我们选择独立思考，就必须随时准备承受打击，接受被认为古怪与愤世嫉俗的可能。我们也许会被当成体制边缘的人，代表着异类与反常，而要想追求心智成熟，就必须要勇于思考，勤于思考。

我们也许要花一辈子时间，才能拥有独立思考的自由。这条自由之路上充满了迷信和阻碍，其中之一就是，一旦成年了，我们就无法再改变。事实上，我们一辈子都能够改变与成长，即使有时微乎其微。改变是对命运的一种选择。许多人面临中年危机时，他们的思想会出现新的变化，思考也变得独立起来；而另外一些人，只有面临死亡时，他们才会独立思考；更悲哀的是，还有些人从来没有独立思考过。

有句话说得好，你想什么，你就是什么；你就是你花最多时间去想的，你就是你不愿意去想的。所以，关于好与坏，愿意或不愿意的思索，都折射出我们内心的渴望。草率地思考事情时，我们就只能得到草率的答案和结果。像是与谁结婚，选择什么职业等问题，周密思考与草率思考的结果就会完全不同。而你的人生也会因为自己的思考而改变。

但是，为什么有人只选择草率的、肤浅的、反射性的思考？答案仍然是，尽管我们拥有意识，但我们与其他生物一样，习惯于逃避痛苦。深入思考通常比肤浅思考更痛苦。当我们独立思考时，我们必须担负起所有因果纠缠的压力。这种独立总是与痛苦为伴，所以独立而深入的思考必须承受无止境的痛苦。

让我再强调一次，人生是个痛苦的旅程，并非一帆风顺，也不会永远舒适、快乐。事实上，痛苦的感觉充斥于解决人生问题的过程中，意识的提升如同生命旅程，艰辛而又痛苦。但它也颇有益处，最大的益处是，自己将能够更理性地思考；针对不同情况与困境可以选择更多对策；我们将更容易觉察出他人的伎俩，避免被人操纵；我们更能够选择和坚定自己的思想与信仰，而不会随波逐流。

避免陷入极端

在这个复杂多变的世界里，要想人生顺遂，我们不但要深入思考问题，还要以一种平衡感来面对问题。很多人在判断一件事物的时候，很容易从一个极端，走向另一个极端，从而使人陷入困境。这就好比你跳出了油锅，却掉进了火堆，或像我们平时常说的，把孩子和洗澡水一起泼出去了。

讲一件我亲身经历的事情。我父亲是一名法官，在法庭上讲起话来总是滔滔不绝，而且还经常大声斥责那些倒霉的书记员和服务员。我还清楚地记得，在我 12 岁的时候，好像是在一家餐厅或宾馆，由于服务员的一个很小的错误，我父亲不合时宜地发起了火，而且持续了近20分钟，我为此而非常难堪。我当时曾暗自发誓，长大以后绝对不能像父亲那样。

我长大以后，真的从未在公共场合发过火。但是随着时间的推移，我患上了高血压。我的好友告诉我，我这个人太冷漠，孤僻，冷血，无情。最后，我不得不去治疗。我突然意识到，我把孩子和洗澡水一起泼出去了。我讨厌父亲在公开场合不合时宜地发火，于是我就要求自己保持冷静，从不在公开场合发火。但实际上，我要避免的不是从不在公开场合发火，而是不要不合时宜地发火。有时在公开场合表达愤怒是正常的，也是必要的。但是，我却走进了另一个极端。于是，我又开始重新努力学习如何在公开场合适度地表达愤怒。也恰恰从那时起，人们不再认为我冷漠无情了，我的血压也降了下来。

在对问题的认识上，我们要综合看待、灵活处理，虽然这需要我们去权衡，去抉择，其过程会让我们痛苦，但这是成长之路必不可少的前提条件。只有具备了这种平衡意识，我们的情商才会提高、心智才会成熟。反之，刻板地处理问题，一直停留在非此即彼的思维定式上，这就是一种幼稚的表现，它只会让我们的人生之路停滞不前。

极端个人主义者就是一个很好的例子。他们认为，每个人都要变成一个独立的个体。这样的说法并非完全错误。卡尔·荣格说，心智成熟的全部目的就是个性化，就是脱离父母并具备独立思考的能力。我们应该让自己独立起来，用自己的双脚独自站立，成为自己人生之舟的船长，成为自己命运的主宰。我们要听从召唤，朝此目标努力。但是，这种极端个人主义却反对“硬币的另一面”。对此，荣格也谈到了。实际上，我们既要遵守相应的自我界限，同时也应该承认，我们每个人不可避免地需要相互依赖、相互协作。极端个人主义者恰恰忽视了事情的另一面。

试想，人人都是极端个人主义者将会是怎样的情景：人们虽然聚集在一起交谈，却把自己藏匿在面具之后，没有人真正让自己全身心投入。许多人都感到，他们相互之间无法就一些重要问题进行探讨，他们都是孤独的，被隔离在一个个局促的小空间里。

为了避免走入极端，我们必须接受悖论。我非常欣赏一位哲学教授针对学生提问做出的回答。学生问：“教授，听说您相信所有真理的本质都是似是而非的，是这样吗？”教授回答：“是，也不是。”综合考虑问题就是这样一种思维定式。综合考虑不仅对我们想问题是必要的，对我们的行动来说同样必要。行动的全面性，就是实践。实践意味着将你的行动与你的思想有机地结合起来。甘地说过：如果没有落实到行动，思想又有什么意义？显然，我们要把自己的行动与理念结合起来，使自己成为一个全面的人。

本性和人性

有时候，人们会问我一些非常棘手的问题。例如：“派克医生，什么是人性？”因为父母把我培养成了一个有责任感的人，所以每一次我都尝试给这些问题以满意的答复。我的第一个回答是：“人性就是穿着裤子上厕所。”

的确是这样。对于刚出生的孩子来说，只要他有需要，就会随时拉，随时尿，就会随时随地释放出去，顺其自然。但是，后来发生了什么？

在两岁左右的时候，我们的妈妈或爸爸会对我们说：“嘿，你是个好孩子，我很爱你，但是如果你能够改变一下你的行为方式，我会很高兴。”

最初，这样的要求对孩子不起作用。他们一切顺其自然，想做或不想做都顺从本性，对孩子来说，这才是真实的。而且，这样做每次都能带来不同的结果，让孩子感觉很有趣。有时候，它可能就是墙上的信手涂鸦；有时候，它可能是在地上弹来弹去的小球。这时的孩子还不懂得自我约束，做完全不自然的事情，那种感觉就像是夹紧屁股急急忙忙冲进厕所。

然而，如果孩子和妈妈之间建立起了良好关系，妈妈有耐心而不苛责——不幸的是，这些条件很少能同时得到满足，这也是心理医生如此热衷于训练儿童使用厕所的原因——如果这些条件能够同时得到满足，孩子就会对自己说：“你知道，妈妈是个好女人，过去的这几年，她一直对我很好，我想做些事情报答她，我想给她某种礼物以表达我的感激。但我只是个弱小无助的两岁孩子，除了在这件疯狂的事上照她的意思，迎合她的要求，还有什么别的选择呢？”

于是，孩子开始做不自然的事。为了让妈妈高兴，他会夹紧屁股跑到厕所去。但是，接下来几年会发生什么？一些绝对神奇的事情。到孩子四五岁时，如果他偶尔在压力或疲倦的时候没来得及上厕所，并且出了丑，面对那种混乱的局面，他会觉得不自然，因为去厕所对他来说则是完全自然的了。在这段时间里，作为送给妈妈的爱的礼物，孩子已改变了他的本性。所以，人的本性是什么？就是改变，我们能够从随时拉、随时尿，改变为穿着裤子上厕所。

当人们问我“派克医生，什么是人性”时，我经常给出的另一个回答是：根本就没有这种东西。这也是我们作为人最了不起的一点。因为我们没有这东西，我们才拥有无限的潜能，能够根据需要改变自己。

是什么把人类同其他生物区分开来？不是我们能抓住东西的拇指，不是我们能发声的喉咙，也不是我们巨大的脑容量，而是我们极端缺乏动物的本性，我们没有太多预先设置并遗传下来的行为模式。比起人类来，这些因素赋予了其他生物更多的固定不变的本性。

我住在康涅狄格州的一个湖边，每年三月冰消雪融时，会有成群的海鸥飞来，十二月湖面结冰时，海鸥又离去了。我从不知道它们去哪儿了，但是最近有朋友告诉我，它们去了亚拉巴马州的弗洛伦斯。

研究迁徙鸟类的科学家发现，包括海鸥在内的鸟类实际上能够借助星星进行导航。这种遗传的、复杂精妙的导航模式，使得它们能够在亚拉巴马州的弗洛伦斯着陆，每一次都在同一地方。唯一的问题是，它们没有选择的自由。海鸥不能说：“这个冬天我不想在弗洛伦斯或巴哈马群岛度过。”

相比之下，人类则拥有超乎寻常的自由和随意性。如果资金充足，我们可以去巴哈马或百慕大，还可以做某些完全反常的事情——在隆冬时节，跑到佛蒙特州的斯托市，或科罗拉多山脉，用木制或玻璃纤维做的滑雪板滑下冰峰。这种超乎寻常、为所欲为的自由，恰恰是人性最显著的特征。

关于这一问题，怀特在《石中剑》一书里的描写无人能及。他在这本神奇的书中叙述了一个故事：很早很早以前，地球上的所有生物还处于萌芽状态。一天下午，上帝把所有小胚胎召唤到一起说：“你们中的每一个都可以得到三件你们想要的东西，不论是什么，我都满足你们。所以，挨个到我跟前来，告诉我你们的要求。”

第一个小胚胎过来说：“上帝，我想拥有铲子般的手和脚，这样可以在地下给自己挖一个安全的家；我还想要一件厚厚的毛皮外衣，冬天御寒；我还想拥有锋利的前牙，这样我就能啃食青草。”

上帝说：“好的，去做一只土拨鼠吧。”

第二个小胚胎过来说：“上帝，我喜欢水，我想拥有柔韧的身体，在水里畅游；还想要能在水下呼吸的腮；我还想有一套能让我保温的系统。”

上帝说：“好的，去做条鱼吧。”

上帝询问了所有的小胚胎，直到最后只剩下了一个。那小胚胎似乎非常害羞，上帝不得不上前问道：“好了，最后一个小胚胎，你想要什么东西？”

小胚胎回答说：“嗯，我不想显得过于冒昧，我也不是不知道感恩，我其实很感激您。可是……我想也许……如果不是太麻烦的话……我想就保持现在的状态——继续做一个胚胎。或许将来什么时候，当我足够聪明了，清楚自己想要什么东西时，我再请求您赐给我……或者……如果您对我有所期许，您也可以给我三样您认为我需要的东西。”

上帝笑了，说：“啊，你是人。既然你选择了永远做胚胎，永远保留改变的本能，我就赐予你统治其他生物的权力。”

当然，我们大多数人早已脱离了胚胎期。但随着年龄增长，我们会变得墨守成规，顽固不化，抛弃了改变。我注意到我父母和其他人，过了五六十岁后，对新事物缺乏兴趣，而且越来越固守自己的观点和世界观。

于是我认为这是理所当然的。直到我 20 岁那年的夏天，我与当时 65 岁的著名学者约翰·马昆德共同生活了一段时间，我的想法开始逆转。我发现，这个老人对所有事情都充满兴趣，充满激情。此前还没有哪个 65 岁的人关注我这个不起眼的 20 岁的年轻人。很多个晚上，他都和我辩论到深夜，有时我还能在这些辩论里获胜，驳倒甚至改变马昆德先生的观点。事实上，那个夏天结束时，马昆德先生的观点每周都会改变三四次。我感觉，这个老人不仅没在心理上变老，反而变得更年轻、更开放、更有弹性了，甚至多数儿童和青少年都无法企及。

从那时起，我第一次意识到，身体可以变老，但心灵绝不能变老。我们不能阻挡生命的衰老和死亡，但我们可以让心灵永葆年轻，不断成长。这种不间断地改变和转换的能力，恰恰是我们人性最显著的特征。遗憾的是，我们通常把它们遗弃了。

选择与人生

人生之路充满着坎坷，我们每个人都将面临着选择的难题，选择仿佛是竖立在我们人生道路上的一块块路标。我们将何去何从呢？

对于我来说，当我第一次在公众面前讲话时，我不知道自己是否在做一件应该做的事。它真是上天希望我去做的事吗？还是缘于我的私心，期盼陶醉于人声鼎沸的场景？我不知道孰是孰非，为此不停地追问自己，寻找答案。最终，我得到了一位女子的帮助，摆脱了困境。这再次证明了我早先的观点，即生活中发生的任何事情都有助于我们的心智成熟。她与我共同分担了痛苦，甚至资助了我的第二次讲演。大约一个月后，她寄给我一首她写的诗。诗中没有写到我，但是，那首诗的最后一句的确是我当时很想听到的：

不管你想要干什么，
你为此必须付出的代价，
就是反反复复地向自己发问，
一遍又一遍。

读着这首诗，我意识到自己一直在寻找某种来自上天的启示，或者说是一套解决生活问题的万能公式，它能指点我：“是的，斯科特，尽管去说吧。”或者：“不，斯科特，什么时候都不要开口。”但是没有公式可循，也没有简单的答案。所以，每当我被邀请去讲演，每当需要重新安排演讲日程，我都一次又一次地问自己：“嗨，上天，这就是你要我现在去做的事情吗？”面对选择时的痛苦，我们能够做的，就是一次次地追问自己，从中寻求答案。

假如你是一个 16 岁女孩的母亲或父亲，在一个特别的周六晚上，她提出要在外面逗留到凌晨 2 点，你会怎么办？父母可以有三种反应方式。一种是说：“不，当然不行。你很清楚最晚只能 10 点钟。”另一种是说：“当然了，亲爱的，你想怎么都可以。”这两种回答方式，有点类似我前文所说的非此即彼。虽然它们是相反的两个极端，实际上却是相似的，都是公式化的回答，家长可以不动脑筋，不花半点心思。

在我看来，合格的父母应该做的事是反问自己：“这个周六晚上，我们该不该让她在外面待到凌晨 2 点呢？”你心中一定会有这样的想法：“我们不知道。是的，极限应该是 10 点钟，但那是我们在她14岁时规定的，很可能不再是一个实际可行的规定了。周六晚上她要去的那个聚会，会有酒供应，这也有些叫人担心。但是话说回来，你知道，她在学校里成绩不错，她完成了家庭作业，显然她清楚自己的责任，或许我们应该信任她。另一方面，在我们看来，那个将要和她一起出去的家伙，完全是一个小混混。我们究竟是该同意，还是不同意？我们应该妥协吗？怎样是妥当的？我们不知道。极限该是半夜12点，11点，还是凌晨1点？我们不知道。”

这恰恰是为什么有人向我寻求如何去选择时，我回答他“我不能给你任何的公式”的原因。每次情况都不一样，每次都是唯一。每当你想去寻找正确答案时，你都要首先向自己发问。一旦你这么做了，你就可能做出正确的选择；但是你也将不得不忍受不知所措的痛苦。

《福音书》里有这么一则故事：耶稣被召唤去拯救一个罗马富翁的女儿。途中，一个长年患有出血症的女人拽住了耶稣的袍子。耶稣转过身问道：“谁拽我的衣服？”女人走上前去，乞求耶稣给她治病。耶稣就先给她治好了病，结果等他赶到那个罗马富翁家时，那人的女儿已经死去。耶稣该不该救那个女人，恐怕谁也无法判断对与错。

生活往往就是这样，没有简单的答案。我们能做的就是反复自问，这样我们的心智才会一步步走向成熟。

使命与人生

人与人的差异很大，每个人都有不同的天赋和个性，对此，我印象太深刻了。

我有两个女儿。从我和妻子莉莉把她们从医院带回家的那一刻起，这两个孩子就表现出了非常明显的不同。如果是一个男孩、一个女孩，我们或许会说：“他们不同，是因为他们性别不一样。”但令人吃惊的是，我们带回家的是两个性别相同的孩子。我不知道是否在她们出生前，独特的个性就已经镌刻进了她们的灵魂，还是这一个性本身就是遗传基因的一部分。我唯一能确定的就是，她们天生不同。

人，生来不同。所以每个人不得不解决的问题之一，就是他们自己的独特性，他们自己的与众不同，以及学会在与别人相处时在这方面做出妥协。正因为不同，所以我们每个人都有自己特殊的才能、自己特殊的职业。我们每个人都有自己的意愿，都有自己选择的自由，前提是不超越某种生物学的界限，不超出自己的能力范围。

多样性有许多好处。人的多样性是构成人类共同体的一部分，也是组成人类整体所必需的，我们需要通过多样性来形成整体。另外，生活中也有大量多样性的道路可供我们选择。因为我们每个人都是独特的，我们要做出自己的选择。我们如果一而再、再而三地询问自己，就会找到答案，最终才会选择一条正确的道路。

使命的原义是召唤。如果一个人被某种事物吸引，一定有某种东西在召唤他。我相信这种东西就是更高的力量。

很明显，有些人的召唤是成为家庭主妇，而有些人则是成为律师、科学家或广告公司经理。召唤有许多种，而且还会有后继的召唤，譬如职业上的变动。有些人会发现自己的职业在某方面不适合自己，有些人则花费数年——甚至一辈子——来逃避他们真正的使命。

有一次，一名 40 岁的陆军士官长来找我，两个礼拜后他就会被调往德国，他为此而沮丧。他表示，他与家人都很厌倦迁移。像他这样的高级军官很少会来找心理医生，尤其是为了如此轻微的症状。这个人有些特别之处，他温文儒雅，十分爱好绘画，我觉得他更像是一位艺术家。他告诉我他已经服役了 22 年。我问他："既然你如此厌倦迁移，为什么不退役呢？"

"我不知道退役后该做什么。"

"你可以画画呀！"我建议。

"不，那只是个爱好，"他说，"我无法靠它维生。"

我不知道他画得好不好，无法反驳他，但是我用其他方法来试探他。"你的履历相当优秀，显然很有才能，"我说，"你可以找到很多好工作。"

“我没有上过大学，”他说，“也不适合去推销保险。”我建议他可以用退休金去上大学，他的回答是：“不，我太老了。在一群孩子里我会不习惯。”

我要他在一周后带一些最近的画作来。他带了两幅画，一幅是油画，另一幅是水彩。两张画都很精美，很现代，充满想象力，甚至有点夸张，线条与色彩的运用均有独到之处。我详细询问，他说他一年只画三四幅，但从来没想过卖掉，只是送给朋友当礼物。

“听着，”我说，“你有真正的天赋。我知道艺术界竞争激烈，但是，这些画绝对有人买。你不应该只把绘画当爱好。”

“天赋只是主观的评判。”他喃喃说道。

“只有我一个人说你有天赋吗？”

“不止你一人，但是如此好高骛远，必然会失败坠地。”

这时我告诉他，显然，他有逃避成就的问题，也许是因为害怕失败或畏惧成功，或两者兼有。我提议为他开出不适合调任的医疗证明，他可以留在原岗位，我们可以继续探讨问题的根源。但是，他坚持说去德国是他的“职责”。我建议他在德国找心理医生，但我很怀疑他会采纳这项建议。他如此强烈地抗拒自己的天赋，他永远不会追随自己的使命，不管那召唤多么清晰有力。

虽然有天赋，但不表示我们会善用它。我们喜欢做某件事，甚至有天赋做好它，但许多人并不一定听从召唤。

有些人听从了婚姻与家庭生活的召唤，有些人则听从了独身甚至禁欲的召唤。不管相不相信命运，召唤来临时，我们常徘徊不定。有一个事业成功的女子，拥有两个大学学位，当她33岁可能将为人母时，她经历了痛苦的彷徨：“以前，我从来无法想象，自己会被某个人所牵绊。不管是男人或小孩。”她告诉我，“我一直在抗拒为他人负责的观念。我执迷于无所承诺的‘自由’，靠自己的聪明与欲望生活。我不要依靠任何人，也不要任何人依靠我。”

当她经历了不确定与怀疑后，她慢慢有了全新的看法。“我发现自己被迫‘放弃’自由的生活，开始喜欢相互依靠。我无法想象没有孩子的生活，我无法清楚地指出是什么力量推动我，去接受作为母亲与忠诚伴侣的新形象，但是当我停止抗拒时，这种转变让我觉得非常自在。”

显然，使命的达成不一定能保证快乐，但它一定会给人带来安宁。因此，看到人尽其才，是很愉快的一件事。我们很高兴看到父母真心照顾子女，心中充满了爱。相反，当我们看到不适其位、未尽所长的人时，总会感觉非常不安，那是一种令人惋惜的浪费。我想上苍对我们每个人的独特召唤，最后都会带给人成功，但这个成功不一定是刻板意义上的。例如，我见过嫁进豪门的女子，拥有众人所羡慕的财富珠宝，符合所谓的成功定义，但是却生活在遗憾之中，因为她们从来没有真正得到婚姻的召唤。

感恩与人生

人生旅途中，我们很容易把事情看成理所当然，包括好运与意外的赠予。的确，在当今物欲横流的年代，运气确实如掷骰子，好与坏无从预知。我们习惯于把一切都想象成偶然或随机，假设好运与坏运是平等的，最后一切会达到平衡，成为零或虚无。这种人生态度很容易导致一种绝望哲学，即虚无主义。虚无主义的逻辑推演到最后，就会把一切事物视为无价值。

对于好运与意外的赠予还有另一种看法。认为这一切源自一个超人般的给予者——更高的力量。对人类的爱使它不吝于赐予我们礼物。这个更高的力量与我们人生中的种种逆境是否有关联，还无法确定，但是回顾起来，那些逆境往往是恩赐的伪装。

在我的经验中，把惊讶当成惊喜来享受，这有益于心理健康。懂得感恩的人，不仅自己快乐，也更能给他人带去快乐。

为什么有些人自然地会感恩，而有些人则不会？为什么有些人游走于感恩与怨恨之间？我不知道。我们通常认为，来自于温暖家庭的孩子，长大后会成为感恩的人，而缺乏爱的家庭中的孩子则很少懂得感恩。问题是，并没有什么证据支持这个论断。我见过许多人出身于贫困、压迫，甚至残酷的家庭，但是成年后都怀有感恩之心。相反，我也见过一些人来自于充满爱与温暖的家庭，却是地道的忘恩负义者。感恩的心很神秘，像是上苍偷偷赐予我们的礼物。

但是感恩的心不是只有等待上苍的赐予才可以拥有，我相信感恩的心本身就是一项赠予。换句话说，能够欣赏赠予本身就是一项赠予。我们不能选择出生的家庭，不能改变无力更改的事实，但我们可以选择用欣赏的眼光看待这一切。这样做，我们也会拥有感恩的心。

有一次，我督导一位心理医生的工作，他的病人是一名 40 来岁的男子，由于慢性沮丧前来寻求帮助。就沮丧症而言，他算是相当轻微。也许更正确的描述，应该是消化不良。仿佛整个世界让他感觉消化不良，使他胀气打嗝不止。他的症状持续了许久而没有改善。到了第二年快结束时，那位医生告诉我："在上次诊疗时，我的病人兴奋地告诉我，他开车时看到非常美丽的夕阳，他情不自禁地大声赞叹。"

"恭喜你！"我说。

"为什么？"他问。

"你的病人跨过了一个障碍，"我说，"他正在迅速康复中。这是我第一次听到他欣赏生命，没有沉溺于事物的负面，能够发现周围的美丽，并表示感激，这代表了惊人的转变。"后来的进展，证明我的判断是正确的。他的心理医生告诉我，几个月后，他焕然一新。

诚然，一个人如何面对困境、好运或厄运，是判断这个人是否怀有感恩之心的很好的依据。我们可以把某些厄运看成伪装的恩赐，而不把好运视为理所当然。我们是抱怨天气的恶劣，还是欣赏天气变幻之美？如果我们冬天被困阻在车流中，是坐在那里发愁，想要毁灭前方的车辆，还是庆幸在暴风雪中，可以躲在一辆车里？我们是习惯于抱怨工作，还是设法增进自己的技能？

小时候，父亲的朋友给了我一套已经绝版的《埃尔杰儿童冒险故事集》。故事里的人物从不抱怨，反而将困境当成一种机会，从心底感恩于他们的处境，厄运是伪装的恩赐，如果我们能以感恩的心来看待厄运，我们就能不畏艰难，最终获得胜利。然而，现在这种感恩之心却日益被我们遗失，我们越来越多地计较于得与失，计较于付出与回报，计较于我们的苦与他人的乐……种种计较，使我们逐渐心生怨念，不满自己，不满他人，也不满身处的世界。这些不满使我们偏离了心灵成长的方向，也让我们远离了幸福快乐的人生花园，从此陷入痛苦的深渊。

心灵探索

第二部分

无论我们走得多高多远，

我们都无法摆脱心灵发展早期阶段残留下来的遗迹。

Further Along
the Road Less Traveled

I 第四章

自尊自爱

自爱，与你经历的爱直接相关。它可以激发你的生命力，使你能够更好地去爱他人；它可以开启你的心扉，让你得到更多的爱。

如果我们活着，却不知道爱自己，就如同把自己放逐到一间孤独的、被剥夺了爱的囚室。不幸的是，许多人都对自己很苛刻，都不肯赦免自己，哪怕是假释。设想一下，如果我们整天陷于内疚、羞愧、冷漠的情绪里，陷于不断的自责中，我们如何才能好好地去爱别人呢？在这样一种状态下，我们又如何能够接受并享受别人带给我们的爱呢？

当你加倍爱自己的时候，就会激发出一系列新的个性特征：自信、自尊、乐观、活泼、开朗、大方，而这一切都将有助于你改善目前的处境，使你得到更多的爱。

记住，不要成为自我处境的牺牲品。你是唯一可以思考并做出决断的人。你的意识决定了你的生活。

事实上，许多人都未能做到好好地爱自己，甚至都没有认真想过这个问题。他们被封闭在一种陈旧的、无爱的思维习惯中。而学会爱自己，是使你摆脱困境——甚至是那些看上去无法控制的困境——的有效办法。不管你过去的生活模式是什么样，从现在开始，加倍地爱自己，善待自己，敞开心扉，聆听心灵的呼唤。人类本来就是爱的创造，因此，不应被排除在爱的怀抱之外。

自爱与自负

谦逊，意味着有自知之明。

这句话出自古书《未知的云》，作者是 14 世纪一位英国僧侣。这句含义深远的话，蕴藏着追求自我认知的精髓。

自知之明，是心灵探索的起点，没有这一起点，也就没有了心灵的旅程。同样，自知之明开始于谦逊，离开了谦逊，也就没有了自知之明。谦逊的核心在于实事求是。假如我说自己是一个很差劲儿的作家，那就没有实事求是，那就是假谦虚，因为我虽不是伟大的作家，但跟一般作家相比，我还是一个不错的作家。可是，假如我告诉你，我是一个一流的高尔夫球手，那就是自命不凡，毫不谦逊。因为我充其量只能算是一个中等水平的高尔夫球手。

实事求是对我们非常重要。我们只有对自己有了清醒而正确的认识，才能清晰地辨别自爱和自负。自爱是一种好的品质，自负则可能让你陷入困境。由于我们没有更为准确的词汇来表述，所以，自爱和自负经常被混淆。

首先，我所谓的自爱意味着什么？

我在美国陆军任心理医生时，军方曾进行过一项研究：成功者都具有什么样的品质？研究人员从军队不同部门选出 12 位成功人士，把他们集中在一起进行测试。这些人年龄约三四十岁，有男有女，表面看上去都很普通，家庭也一般，但他们都取得了令人瞩目的成就。

在对他们进行的大量测试中，有一项尤其引人注目。这项测试要求他们按照先后顺序，写下生活中最重要的三样东西。

谁也没想到，就是这样一项简单的测试，第一个交卷的人竟花了 40 多分钟，许多人则花了 1 个多小时。尽管看到同组的多数人都已交卷，有些人仍一丝不苟地做完了问卷。更令人想不到的是，在每个人的答卷上，虽然第二和第三选项各不相同，但所有人的第一选项却完全一致：我自己。

不是“爱情”，不是“上帝”，也不是“我的家庭”，而是“我自己”。

这里的“我自己”就是自爱。自爱意味着关怀、自尊、责任和对自我的了解。一个人如果不爱自己，就不可能爱别人。但是，不要把自爱和自私自利混为一谈。这些成功的男人和女人都很爱自己的配偶、父母，并且很尊敬自己的上级。

那么，什么是自负？

八九年以后，我有机会接近一个说谎的人。你可能还记得，我曾把“说谎”定义为一种人类最本质的邪恶。这样的人是难以接近的。但是，我尽可能地接近这个人，并问他：“在你的生活中，最重要的东西是什么？”

你猜他怎么回答？“我的自信。”

你发现了吗，答案竟是如此接近！那12位成功的人，写的是“我自己”；而他说的是“我的自信”。

就说谎者的行为方式而言，我相信他的回答是真实的。在他们的生活中，自信是唯一重要的事情。他们会随时随地、不惜代价，尽一切努力去维持他们的自信。如果有任何东西威胁到他们的自信，如果周围有任何迹象表明他们的某种不足，如果有什么东西可能引发他们的不良感觉，他们往往不是根据这些迹象去修正自己，而是着手消灭掉这些迹象，于是，邪恶便由此产生，因为他们要不惜代价维护自己的自信。

视自我为头等重要，这是自爱；自我感觉总是良好，这是自负。

认识到这种差异，了解造成这种差异的原因，对我们做到自知之明至关重要。为了让自己成为身心健康的人，我们有时不得不付出一些代价，放弃一些自信，不要总是自我感觉良好，但是，我们应该永远爱自己，珍视自己。

罪恶感的功用

自爱的人不一定自信，自信的人也不一定自爱。有时候，我们甚至要通过不自信来获得自爱，因为我们只有在不自信时，才会去反思自己，认识到自己的不足，做到自知之明。相反，如果我们总是信心满满，总是自我感觉良好，我们就不可能反躬自省。所以，心智成熟的旅程也是一个不断检讨、不断修正的过程。

当我们进行自我修正时，帮助我们产生羞愧之心的工具就是“存在的罪恶感”。为了生存，我们需要一定程度的罪恶感和一系列的悔悟。

如果没有罪恶感，也就缺少了一种促使我们自我修正的机制。如果我们一直认为自己都很好，那么，我们就不能纠正自己那些不好的部分。

许多人都读过托马斯·哈里斯的书《我很好，你很好》。这是一本很好的书，不好的只是书名。因为如果你不好了，该怎么办？如果你每天凌晨 2 点，梦见自己被淹死而惊醒，冷汗淋漓，你害怕得无法再入睡，睁大眼睛直到早晨 6 点。这种情况夜复一夜，周复一周，月复一月地继续下去，你会怎么样？你还认为自己什么都好吗？

如果你每次一走进商店就恐慌得要命，那又会怎么样？你还会认为自己一切都好吗？如果你正在把孩子逼入吸毒或更严重的麻烦之中，自己却一无所知，又会怎么样呢？你依然认为一切都好吗？

我相信，匿名戒酒协会在应对这些问题方面更有办法。他们有一个说法："我不好，你也不好，不过没关系。"

确实，我在进行心理治疗时发现，总是那些自我感觉不好的病人才会来找我，而那些自我感觉很好的人却从不来做心理治疗。那些自我感觉不是很好的人，谦逊地来寻求帮助，希望在走向自知之明的旅程上能有一个好的开端。

以我自己为例。在我真正开始心理治疗的一年前，我的自我感觉很好。那时，我是军队的一名心理实习医生，我认识了我们医院的一名心理医生，他很内行，找他看病还不用花钱。当我要求他帮我治疗时，他反问我为什么想进行治疗。我告诉他："你看，我总是为许多小事紧张和焦虑，而且，这样的治疗经验会很有用，具有教育启发性，写在履历上也更有说服力。"他说："你还没有准备好。"并且拒绝为我治疗。

我怒气冲冲地走出他的办公室，气愤至极。当然，他是对的。我的确没有做好准备，我还处在自我感觉良好的状态。大约一年以后，当我的感觉不再好，几乎崩溃之时，我才真正准备好了。

时至今日，我仍清楚地记得，我开始接受心理治疗的那一天。在说明那天究竟发生了什么之前，我要先告诉你，我的问题与服从权威有关，虽然当时我并不十分清楚。此前 20 年间，无论我在哪里工作或学习，身边总有一些令我讨厌的上司。每换一个地方就有一个不同的人，而且无论我去哪里，他就在哪里出现。我认为这都是对方的错，跟自己没有任何关系。

在军队那段特殊的日子里，我最憎恨的人是医院的上司，一位名叫史密斯的将军。我对史密斯将军恨之入骨，因为我恨他，史密斯将军对我也不怎么友好。他肯定感受到了我的敌意。

在我开始接受心理治疗的那天，我先是出席了一个病例讨论会，其间播放了一段我与病人的谈话录像。同事和一位上级在场听我介绍。播放结束后，他们不断批评我的处理方式太笨拙、不成熟。所以，那天就没开一个好头。不过我还是尽量保持自尊，告诉自己，这只不过是心理实习医生不得不经历的一个考验。他们总是把你批得体无完肤，但这并不是说你一无是处。尽管如此，我的感觉还是不太好。

接着有一点空闲，我打算去理个发。其实，我不认为我当时需要理发，但那是在军队中，而且我知道史密斯将军会认为我该去理个发。所以，在被同事和上级批评以后，我又去做那件我不情愿的事——理发。

去理发店的路上，我经过一家邮局，于是决定去查看一下邮箱，看看是否有我的邮件。结果还真有。令我沮丧的是，那是一张交通违章罚单，大约两个月前我曾驾车冲过一个哨所的停车警示。记得当时我正准备去与康纳上校打网球，在我印象中，他是一个好人。这张罚单让我陷入了麻烦，因为当你从岗哨士兵那儿得到一张罚单，另一张罚单副本就会送到你的指挥官手里，他就是史密斯将军。

我已经上了史密斯将军的黑名单，不希望再被他逮着。所以，一赶到网球场，我就以巧妙的方式对上校说道："真对不起，我来晚了，长官，因为我想及时赶到这儿，没有在停车标志前停车，结果被您麾下的卫兵拦住了。"他听懂了我的意思，说："别担心，我会处理这事的。"果然，第二天上午，哨所的军官亲自打电话给我："派克医生，还记得昨天收到的罚单吗？啊，它在邮寄中丢失了，下次开车当心一些。"我说："非常感谢你，长官。"

谁知，大约六个星期后，那位哨所的军官突然被调职，他来不及清理办公桌。当别人去清理他的办公桌时，发现了一整摞的处罚单，就又把这些罚单重新寄发出去。那天，挨了同事和上级的一通批评之后，在我并不想去理发的路上，又发现了那张我以为早就蒙混过去了的罚单。我带着极其糟糕的心情，继续往理发店走去。

在我的头发理了大约 3/4 的时候，谁竟然进来理发了呢？你猜猜看。竟然是史密斯将军。就算他真有这想法，但作为一个将军，他也不可能把一个头发理了一半的人撵下来，自己坐上去，所以他不得不坐在那儿等着。我刚才对你说了，我的心情是多么的糟糕。当时我满脑子想的就是："我该不该跟这个混蛋打招呼呢？""该不该？该不该？"我一遍遍地问自己。

有时候，别人会问我：“什么时候才该进行心理治疗？”我说：“当你被难住的时候。”那一刻，我就被难住了。

最后，我决定表现出高贵的气质和良好的教养。理完之后，我从椅子上站起来，从史密斯身边经过时，我主动打招呼：“早上好，史密斯将军。”随即走出了理发店。紧接着，理发师追了出来，他在走廊上喊道：“医生，医生，你还没付钱呢！”我只好又回到理发店付钱。那一刻，我是如此紧张，把找我的零钱都掉在了地上，恰好掉在了史密斯将军的脚下。我跪在他脚下捡钱，他却坐在那儿，笑看我的尴尬处境。

终于离开理发店了。我全身发抖，对自己说：“派克，你有问题，你需要帮助！”那是很痛苦的一刻，我称之为“破碎时刻”。

不破不立

我所说的“破碎时刻”，其实是一个非常痛苦的时刻。那时，你的良好感觉将荡然无存，感觉自己就像被撕裂了一般。这既是一个非常痛苦的时刻，一个令人伤心的时刻，同时也是我认为最好的时刻。因为在那个时刻，我用仍然颤抖的手指哆哆嗦嗦地翻开电话黄页，寻找心理治疗医生，带着发自内心的真诚，我希望治疗对我能起作用。尽管这是痛苦的，但它却是新的成长的开始，是穿越沙漠走向拯救，是朝着痊愈迈出的巨大一步。

实际上，对于这样的时刻，基督教的一些传统仪式中都有象征性的表现。比如，圣餐仪式的高潮就是牧师将一片面包举过圣坛并把它掰碎：一个破碎的时刻。在象征层次上，凡是参与这项仪式的人都愿意被掰碎。从这个方面说，基督教似乎是一个非常奇怪的宗教，信徒都希望自己被击碎。但是，我们要知道，正是通过这样一次又一次的破碎，我们才在人生的道路上敞开胸怀，不断向前。

所以，当我们开始意识到自己还不够完美时，我们就需要这种“破碎时刻”。我们还不够杰出，我们还不完美，我们都难免有罪。罪恶感涌现的时刻，悔悟的时刻，丧失自尊的时刻，承受令人不快的考验的时刻，这些对我们的成长都是必须的。

然而，即使在这些不同的时刻里，我们也需要珍惜和热爱我们自己。既要爱自己又要认识到自己不够完美。所以，自爱，最重要一点就是要认识到，我们自身还需要在某些方面继续努力。

自己是无价之宝

大约 16 年前，我曾治疗过一个 17 岁的男性病人，他是一个没有父母管教的未成年人。因为父母对他太粗暴，他从 14 岁就开始独立生活。有一次做治疗时，我对他说："杰克，你最大的问题就是不爱自己，不珍惜自己。"

就在那天夜晚，我不得不冒着可怕的暴风雨，驱车从康涅狄格州赶往纽约。暴雨铺天盖地横扫而来，高速公路上能见度极低，我甚至看不到路基和黄线。我集中精力，紧盯路面，当时我已非常疲倦，哪怕是片刻的走神，都有可能车毁人亡。我之所以能开完这 130 多千米，就是因为我做了唯一的一件事，不断对自己重复："这辆轿车装载的货物价值连城。我一定要让这无价之宝安全抵达纽约。"最终，我安全抵达了。

三天以后，我回到康涅狄格州，见到了我的年轻病人，结果获悉在同一场暴风雨里，他把车开翻到路边了。虽然那天他并不像我那么疲倦，而且路途也短得多。幸运的是，他并无大碍。他这么做不是因为他要偷偷地自杀，只不过是因为他没有能够对自己说，他的车里装载着无价之宝。

《少有人走的路：心智成熟的旅程》出版后不久，我曾为一位专门从新泽西中部赶来找我的妇女进行治疗，每次她单程就要坐 3 个小时的车。她来找我是因为读了我的书，并且很喜欢它。她是一位一生都信奉基督教的人，自小在教堂里长大，长大后嫁给了一位神职人员。第一年，她每周治疗一次，结果一点儿进展都没有。有一天，她一进门就对我说："你知道吗？今天早上开车来这儿时，我突然意识到我自己才是最重要的。"我发出欣喜的欢呼，为她的顿悟而喜悦，但同时也感到有些讽刺意味。因为她几乎在教堂里度过了自己的前半生。按说，她应该早已明白，最重要的就是自己，就是自己心灵的发展，但是她没有。我猜想，多数基督教徒也都没有明白。然而，一旦她明白了这一点，她的治疗进展得就像闪电一样迅速。

准备工作

自爱是最重要的事。它是如此重要，所以我把它奉为神明。几年前，我去芝加哥天主教中心静修。静修开始前，神父问我是否愿意在弥撒上做一场布道。出于一时的愚蠢和狂妄，我竟鬼使神差般地说："噢，好吧。"完全忘了在天主教堂里，是不能随意拈个题目进行布道的，布道的内容必须"循规蹈矩"，通常选自《福音书》。

但我很快就冷静了下来。利用静修的空当，我迅速抄起《圣经》，翻到周日要读的《福音书》那部分。这是关于5个聪明少女和5个愚蠢少女的寓言故事。我吓坏了，因为我不喜欢这个寓言，也从未读懂过它。

寓言讲述的是10个少女围坐在一起，等待着新郎——基督或上帝——的出现。考虑到新郎可能在午夜出现，她们必须到外面，在黑暗中迎接他，5个聪明少女把油灯都装满了油。与此同时，另外5个少女根本没有做准备。午夜时分，突然传来敲门声，仆人通报："新郎来了，新郎来了，快出来迎接新郎！"

5位聪明少女立刻点亮油灯，准备跑出门去，而那5位愚蠢的少女则向她们请求："请分给我们一点点儿灯油吧，我们也想迎接新郎。不用全部，也不用一半，只是一丁点儿。"但5个聪明的少女拒绝了她们，跑出了门。

当她们见到"新郎"后，我猜想新郎肯定会说："你们这些吝啬、讨厌、下流、小气的女人！为什么不能分一点点油给那些可怜的、不幸的女人呢？"但不是，他说的是："噢，你们这些聪明、完美、漂亮的少女，我爱你们，我们将轻快地步入永恒的境界。至于那些愚蠢的少女，让她们咬牙切齿、在地狱永远腐烂吧！"

我觉得，这寓言简直就像是基督教的异端。假如基督教不提倡分享，它究竟提倡什么？但是我必须就这一寓言进行布道，因此我不得不好好想想这个问题。有时候，当我们思考时，经常会突然出现灵感的火花。我很快就意识到，在这则寓言里，油是作为"准备"的意象出现的。耶稣的意思是，我们不能与人分享我们所做的"准备"。比如，你不能替别人做家庭作业。你做了他们的家庭作业，你却不能为他们挣到学位，因为家庭作业是他们所做的"准备"。所以，我们不能把我们的"准备"分给别人。我们能够做的仅仅是，尽我们所能努力"分给"其他人一些机会，让他们为自己进行"准备"。除此以外，别无他法。

10位少女的机会是均等的，结局却大不一样，这是因为点灯的少女自尊自爱，拥有自知之明，她们知道自己的价值，也知道自己的不足，所以，她们会用油灯来弥补自己的缺陷。相反，另外5位少女却缺少自爱和自知之明。当新郎来临时，她们才意识到黑夜里自己什么也看不清。从这个意义上讲，灯油又象征着自尊、自爱和自重。而要获得这一切，必须靠我们自己。

所以，除非我们自己轻视自己，认为自己不可爱，缺少魅力，否则，没有人能让我们陷入心理疾病。我常常感到吃惊，我们竟是如此地轻视自己。10年前，我参加一个晚宴，一些客人正在谈论一个著名的电影导演，以及他如何青史留名。突然间我冒出一句："我们都会青史留名的。"谈笑因我的这句话戛然而止，一片死寂，好像我说出了什么非常可憎的话语。

在某些方面，我们不愿意把自己看得太重要。因为认为自己很重要，就意味着把更多的责任放在了自己肩上。我们习惯认为，克里姆林宫里的人是重要的，华盛顿的众议员和参议员是重要的。如果我们认为自己是普通的、不重要的，我们就可以不对历史负责，不是吗？但是，不管我们愿意与否，我们都是重要的。不论好坏，不管有意或无意，我们都将在历史上留下我们的印记。就像一句话所说："如果不是你，那会是谁呢？倘若不是现在，那又是何时？"

有时，我们都会有这样的感觉，认为自己无足轻重、不可爱、没有魅力，等等。其实，这是不符合事实的。大约六年前，我去达拉斯参加一个科学大会。在旅馆接待处拿到房门钥匙后，我就朝房间走去。途中，有个年轻人走来和我交谈。他说：“你是派克医生，对吧？我的同屋也想来参加这次会议，可是因故不能来。他让我转告你，假如我有幸碰见你，就告诉你，上帝原谅你。”

这句话实在有些古怪，我在房间里安顿下来后，又开始细想此事。我意识到，自己在某些方面依然很幼稚，仿佛自己只有 15 岁大，脸上满是青春痘，一点儿也不可爱，什么都不是，任何科学会议似乎都不值得一听。显然，这个层面的我，是非常自卑的，因而也是不健康的，不切实际的，是需要治疗的，是需要被放弃、被宽恕和予以净化的。

所以，我再重复一遍，没有什么能损害我们的心理健康，除非我们自己轻视自己，认为自己不可爱，缺少魅力。

让我们为自己进行“准备”。让我们再诵读一遍，我们是多么重要，多么美丽，多么富有魅力，远在我们最疯狂的想象之上。同时还让我们竭尽全力，教导其他人，他们是多么重要，多么美丽，多么富有魅力，远在他们最疯狂的想象之上。

丨第五章

感受神秘

多年来，我有一位从未谋面的良师，我是从一则小故事里知道他的。他是一位犹太拉比，生活在 19 世纪初的一个俄罗斯小镇上。潜心思考信仰和心灵问题长达 20 年之久后，他得出一个结论：如果触及了问题的核心，人们往往会一无所知。

得出这个结论后不久，有一天，他正步行穿过村里的小广场到犹太会堂祈祷，一个巡警出现了。那天早上，这个警察心情不好，便想找拉比出出气。他厉声喊道：“嗨，拉比，你究竟是要去哪儿啊？”

法师回答：“我不知道。”

这一下更惹恼了警察。“什么意思，你不知道自己要去哪儿？”他气愤地大叫，“每天 11 点，你都要穿过广场到犹太会堂去祈祷。现在正好是 11 点，你又正朝犹太会堂的方向走，而你却告诉我，你不知道自己要去哪里。你是存心愚弄我，我非要教训你一下不可。”

警察抓住拉比，把他带到了监狱。就在他要把拉比丢进单间牢房时，拉比转向他说："你瞧，现在我竟然来到了监牢，我确实不知道自己要去哪儿。"

我们生活在一个极度神秘的宇宙里。托马斯·爱迪生说："我们对99%的事物的了解，远不到1%。"

不幸的是，很少有人意识到这一点。大多数人都认为自己知道得很多。我们知道自己的地址、电话号码和社会保险号。我们开车去上班时，知道该怎么走，也知道回家的路。我们知道汽车是靠内燃机工作，也知道如何发动引擎。我们知道太阳朝升夕落，也知道月亮有阴晴圆缺。那么，还有什么神秘的呢？

这也是我过去的认知。我在医学院读书时，常常哀叹，现在已没有什么医学新领域可涉足的了。所有大的疾病都被人类攻破；我再也不可能成为小儿麻痹症疫苗的研制者乔纳斯·索尔克那样的人，每天工作到深夜，为人类的健康贡献出伟大的新发现。

噢，我们几乎是无所不知！在第一学年的头几个月，我们观摩了一个神经系主任的手术演示。示范模特是一个近乎裸体的可怜男人，在围满了学生的梯形教室前，这位主任通过出色的神经解剖学讲解，精确地给我们展示病人小脑受损的痛苦。他的演示给我们留下了深刻印象。演示结束时，一个同学举手提问："教授，这个人为什么会有这些损伤？他是怎么了？"神经系主任长舒一口气，回答说："病人患有原发性神经病。"我们全都冲回各自的房间，在教科书里寻找那个术语，才知道"原发性”意味着“未知的原因”。原发性神经病，就是原因不明的神经系统疾病。

神秘的旅程

从那以后，我开始了解到，除了原发性神经病外，还有原发性高血压，以及原发性这个病和原发性那个病，对此，我们远未了解。不过，我仍然认为，所有主要的东西我们都已知道了。在医学院就读期间，我提出的种种问题，我的教授总能给出答案。我从未听到哪位教授说：“我不知道。”虽然我不能完全理解教授的回答，但我想这是我的错。我很清楚，凭我的小脑袋，我绝不可能搞出一个伟大的医学发现来。

但是，离开医学院大约 10 年后，我不可思议地完成了一个伟大的医学发现：我发现，我们几乎对医学一无所知。这一发现源于我不再问“我们知道什么”，而是开始问“我们不知道什么”。一旦我开始这样发问，那些曾经对我关闭的新领域全都打开了，我发现，我们生活在一个全新的世界上。

举个例子。双球菌脑膜炎是一种并不多见却致命的疾病。每年冬天，大约 5 万人中有 1 人会感染上这种病。感染上这种病的人约 50%会死去，另外的 25%会留下永久残疾。如果你问任何一个医生是什么引发了双球菌脑膜炎，他都会告诉你：“那还用说，当然是双球菌。”在某种程度上，这种回答是对的。如果对死于这种疾病的人进行尸体解剖，打开他们的头颅，你就会看到他们的脑膜被脓液所淹没。在显微镜下观察那些脓液，你会看到不计其数的病菌在游动。它们就是双球菌。

这里存在一个问题。假如我从家乡新普雷斯顿的居民的喉部取得一些物质作培养，或从任何一个北部城市居民作采样，就会发现，在大约85%的居民喉咙中，都能找到这种病菌。但是，目前新普雷斯顿还没有一人感染此病，更不会有人死于双球菌脑膜炎了。过去几代人都是如此，今后可能还是这样。

为什么会是这种病菌？它如何发挥作用？这种病菌实际上很常见，能够间歇地存活在49999人的大脑中，而不对人构成伤害；而仅仅对一个人造成致命的感染。这是为什么呢？

回答是：“我们不知道。”

每种疾病的情况差不多都是这样。我们再以一种更为常见的疾病——肺癌为例。我们都知道吸烟可能造成肺癌，但也有一些人从不碰香烟却死于肺癌。也有某些人，如我的祖父，活了92岁，生命中的大多数时间都像烟囱一样吞云吐雾，肺却没有任何问题。很显然，在吸烟与肺癌的因果关系之外还有其他的东西。其他的东西是什么？我们依旧不知道。

这情形适用于几乎所有的疾病和治疗。我在行医时，偶尔有病人会在我开处方时问：“派克医生，这药有什么作用？”于是我就会告诉他们，它能改变大脑边缘系统中某种化学物质的平衡，这样他们就不再问了。但是，化学药物究竟如何改变大脑边缘系统中某种化学物质的平衡，它为什么会使一个忧郁的人感觉好一些，或使一个精神分裂症患者更清晰地思考？答案是——如你所料——我们不知道。

你或许会认为，医生们所知道的东西不过如此。但是，其他人知道的就很多吗？

现代物理学的很多发现都起源于牛顿。当苹果落在他头上时，他不仅发现了万有引力，而且还发明了一个数学公式。现在地球人都知道，两个物体相互撞击，结果是作用力等于反作用力。

但是，为什么？为什么会有万有引力的存在？它由什么构成？答案是：我们不知道。牛顿的公式只不过描述了那种现象，但是那种现象为什么会存在和如何作用，我们则不知道。在科技迅猛发展的时代，我们甚至不知道是什么东西使我们的双脚停留在地面上。如此说来，我们在硬科学上的认知也很有限。

但是，一定有某些人知道些什么吧。我说过，数学的定义很清楚，数学家一定知道真相。在学校时我们都学过那些伟大的真理，如两条平行线永不相交。但是后来，好像是大四时，有一天，我正走过一个四周有建筑物的小院，听到有人说起德国数学家黎曼的几何学。他曾问自己："假如两条平行线真的相交会怎么样？"基于两条平行线相交的假设，再加上他对欧几里得原理的某些修正，他发展出一套完全不同的几何学。这看上去更像是一种智力练习或一种游戏，就好像要计算出多少个天使能在一颗大头针的针尖上跳舞一样。而事实却是，爱因斯坦的许多理论，包括相对论，都不是基于欧几里得的几何学，而是基于黎曼的几何学。

我的数学家朋友告诉我，潜在的几何学是无穷的。在黎曼的基础上，我们又发展了六种实用几何学，现在，我们总共有了八种不同的几何学。哪一种是真理呢？我们不知道。

所以，当我们对事物的认识还很肤浅时，我们会像井底之蛙一样，常常认为自己知道全世界；当认识逐渐深入，触及事物的核心之时，我们就会发现，我们知道得很少很少，有时甚至是一无所知。

心理学与炼金术

硬科学的认知领域尚且如此，心理学也难逃认知上的局限。有人把心理学看成炼金术，那么，我们就先回到炼金术的年代。那时，科学家们千方百计地想把普通金属变为金子。当时，人们认为世界由土壤、空气、火和水四种“元素”组成。后来，我们又发明了元素周期表，知道地球上存在着 100 种以上的基础元素——如氢、氧和碳等。但是，心理学似乎仍然处于炼金术的黑暗时代。

例如，妇女解放运动是基于男人和女人之间非对抗性的区别和某种程度的相似。非对抗性的区别和相似是什么？文化和社会层面的原因和生理方面的原因各占多少？我们不知道。我们知道如何让自己飞离地球，却不懂得性别究竟意味着什么。

再拿人类的好奇心来说，也与神秘性紧密相关。是所有的人生来都有相同的好奇心，还是他们生来就有不同程度的好奇心？好奇心是通过遗传因素使然，还是成长的附属品？是灌输给我们的，还是由我们传播出去的？我们不知道。好奇心这个最重要的人类特征，仍然是科学界的不解之谜。

我们所知甚少，为什么却自认为自己无所不知呢？原因有二：一是我们害怕，二是我们太懒惰。

试想一下，我们要是真的不知道自己在干什么、在往哪里去，如婴儿在黑暗里蹒跚而行，这情形的确让人恐慌。因此，生活在一个自认为无所不知、无所不能的幻觉里，会让我们舒服很多。

我们太懒惰，不愿去思考，去认识自己的无知。要脱离自以为是的世界，意味着必须承认自己的愚蠢，必须穷尽一生去学习。由于大多数人不愿意这么做，所以，他们选择了美好的幻觉，得过且过。

问题是，这是一种幻觉，是不真实的！在《少有人走的路：心智成熟的旅程》一书里，我把心理健康定义为：不惜任何代价不间断地致力于面对真实。“不惜任何代价”意味着，不管事实让我们多么不舒服、多么痛苦，自己都要勇敢地面对。

现在，我们的文化是回避痛苦，因此，心理健康总是得不到鼓励。当某人情感受挫时，我们应该说的是：“幸运的乔，他终于醒悟了。”但是，我们没有这么说。我们说的却是：“噢，可怜的家伙，现在他终于明白了，这个可怜的家伙。”听上去仿佛早就知道这样的坏结果。同样，当病人们终于承认，他们在孩童时期曾经被骚扰或遗弃时，我们不应该说：“噢，可怜的人。”因为他们承认经历的这一痛苦，意味着最终将孕育出健康。

当然，任何事都有例外。实际上，我非常推崇心理学家们所说的“健康的幻觉”。例如，一个住进心脏病特护病房的医生，比普通病人死于心脏病发作的可能性高出两倍，原因就是他对事情的后果知道得一清二楚。其他病人会说：“噢，我只是心脏病发作了！”所以，幻觉有时是有益于健康的。

总的说来，我认为幻想破灭对我们是一件好事。我们越是让自己接近生活的真实，就会过得越好。然而，只有在我们懂得去感受神秘时，我们才能接近真实世界。人类的认知就像一只小木筏，漂荡在神秘的汪洋里。处在这种情形里的人如果不喜欢水的话，就会非常不幸。而他们让自己快乐的唯一办法，就是去热爱神秘，享受在神秘中潜水、畅游、嬉戏、啜饮。那样，他们就会变得快乐而幸福了。

好奇与冷漠

心理上最不健康、最不成熟的特征之一，就是神秘感和好奇心的缺失。走访精神病院时，让我最困惑的不是精神错乱，不是狂怒、恐惧或沮丧，而是冷漠。有时候，这是药物副作用的结果，但是，这种可怕的冷漠通常是心理疾病的外在表现。

下雪时，健康的人会怎么做呢？他们会走到窗前，眺望窗外，惊叹："嗨，开始下雪了！"或者："哇，雪下得真够大的啊！"或者："啊，真是一场暴风雪呀！"但在精神病院里，当有人说："嗨，下雪了。"病人们通常会回答："别打扰我们玩牌。"或者沉浸在自己的幻想中，不想让别人打断。他们不会起身，也不会去窗外探究那雪的美与神秘。

心理疾病的另一种形式，就是人们无法忍受事物的神秘性，因而编造出一些不着边际的解释，而那些事情是人类尚未释疑的。几年前，我收到一封非常悲伤的信，一共 8 页，首页结构非常严谨，但是突然间笔锋一转，写信人说起他有一个患霍奇金病的儿子。再往后内容就变得杂乱无章了。他说道："当然，你知道，派克医生，难道你不知道，根据古人的说法，我们每个人在天上都有一个对应物，与我们形影相随。在我们普通的、有形的身体之间，有一个电离作用因子，我们在天上的对应物以及疾病，就是这个电离因子作用的结果，是这样吗？"

我不知道他所说的那些事情。也许有这种可能性，也许它能为一些深奥的理论提供佐证，但对此我们尚无丝毫的证据。一定程度上，这个人是在为他儿子的霍奇金病寻找解释，以求心理安慰。但他所确信的东西，完全是虚幻的。

相反，在我们当中，多数心理健康的人都具有一个共同特征，就是他们对神秘的奇特感觉和巨大的好奇心。任何东西都能吸引他们：类星体、激光、精神分裂症、螳螂和星宿。然而，我们多数人都介于健康和错乱之间，大多数人的对神秘的感受力都处于休眠状态。

心理治疗时，我习惯于告诉病人，他们正在雇用我作为向导，去探索他们的内心世界。因为我知道一点探索内心空间的方法，可以穿越他们的内心空间。在心理治疗的过程中，每个人的内心空间各不相同，每次穿越都是一趟全新的旅程，对这种体验的好奇与兴趣使我兴致勃勃地致力于心理治疗。

要想探索内心空间，这个人必须具有探险精神，必须具有对神秘的感受力。对于探险家，神秘就是阿巴拉契亚山脉的另一侧；对于宇航员，神秘就是外太空；对于接受心理治疗的病人，神秘就是他们自己的内心世界。如果在治疗的过程中，病人对自己童年的好奇心被激发，开始探索尘封的记忆，回忆一些影响他生活的经历和事件，开始关注他的基因和气质的秘密，开始关注他的遗传、文化，还有他做过的梦以及这些梦可能传递的意义，那么，治疗就会发挥强大的效用。如果在治疗过程中，病人对神秘的感受力没有被唤醒，那么，他的内心探索之旅就不可能走得更远。

我之所以说要“唤醒”病人对神秘的感受力，是因为我相信——虽然还没有任何科学依据——至少对某些人来说，这种感受力是能够开发出来的，就像对威士忌的感觉。而且，这种感受力可以无限开发下去，带给你美妙的感受。因为你啜饮下越多的神秘，你对神秘的感受力就越强。而且这一切都是免费的，没有收入税，没有消费税。它是我衷心推荐给你的、令你沉迷的东西。

神秘的心灵之旅

探究神秘不仅有益于我们的心理健康，同时也指引我们奔向心灵旅程的终极目的地，寻求生命的真正意义。

信仰令人困惑的原因之一，就是人们出于各不相同的原因开始信仰。有些人接近信仰是为了接近神秘，而有些人则是为了逃离神秘。

我不批评那些利用信仰逃避神秘的人。因为有些人在他们心灵成长的特殊阶段，需要一些非常明确的教条式的信念和原则，以便他们能够去遵守，就像嗜酒者转而求助匿名戒酒协会，罪犯皈依到道德准则中去那样。而一个心智成熟的人并不恪守教义，他们像一个探索者，像一个彻头彻尾的科学家一样，不依靠任何信仰。真实，是他们唯一能够接近和信奉的东西。

> 我们努力探究真实，有点像一个试图探究手表构造的人。他看到表面、手柄，甚至听到滴答滴答的声音，但是他不知道打开盖子的方法。如果他是一个心

> 灵手巧的人，他或许能够勾画出一个粗略的构造图，把所有他看到的东西对号入座，但是他永远无法确定，他画出的图是否是唯一的解释，也永远无法拿他的图与真正的构造图进行比较，甚至想都不敢去想。

上面这段话是爱因斯坦说的，他是一个公认的天才，比世界上任何人都知道得多。他还写到，我们能够观察并阐述理论，但是，我们绝不会知道真相，我们只能不断接近。

然而，某些信教的人却错误地认为，上帝就在他们的后口袋里；而一个完全成熟的人则能更准确地去理解上帝。如同更高的力量一样，真实也不是某种我们随便拴在漂亮可爱的小包上、放进我们的公文包而占有的东西。也就是说，不是我们占有真实，而是真实占有我们。

心灵的旅程也是一个探求真理的过程。真正成熟的人必定是一个追求真理的人，或许比追求真理的科学家还要执着。

不过，就像某些人的信仰是为了逃避神秘一样，某些人探求科学也是为了逃避神秘。我们都知道或听说过，有些科学家花费一生时间，去研究鸽子的前列腺组织，以确认其 pH 值在 3.7 到 3.9 之间。他们对这个世界的兴趣就这么一点点。他们只在自己的小块领地探索钻研。在该领域登峰造极，这让他们感到安全且心满意足。但就探求真理而言，固守一隅，蜷缩在里面，就无法探知宇宙的更多奥秘，他必须跌跌撞撞地从里面走出来，进入未知，进入神秘。

治疗的时候，病人（以正常人的方式）有时会对我说：“哇，派克医生，我太困惑了。”那么我会说：“那太好了！”他们就会说：“你什么意思？真可怕！”我会说：“不，不，那意味着你将有福了。”他们会说：“什么？那种感觉很可怕。你怎么能够说我将会有福呢？”

我会回答：“你知道，耶稣在布道时，从他嘴里说出的第一句话是‘困惑是福’。”如果你不理解，我会告诉你，困惑能激起人们寻求答案的动机，而寻求的欲望又会促使人们不断学习。

例如，1492 年的某一天，许多人彻夜未眠，脑中一直在推想，地球究竟是平的还是圆的。结果，第二天早上醒来却得知地球是圆的。此前，他们并不知道最终的结果会是什么，他们经历了一个困惑和探索的全过程。在新、旧理念的博弈中，我们常常需要痛苦地徘徊、困惑、选择，这是个必经的过程。

这个过程让人沮丧，有时甚至是痛苦的，但它却是有福的。因为，当我们在经历这一过程时，尽管我们在心灵上感觉可怜，但我们却是在寻找新的和更好的道路。我们将自己暴露在未知的、神秘的世界，在神秘与困惑中寻找我们的精神家园。所以，耶稣说：“困惑是福。”实际上，这世界上所有的邪恶，都是那些很明确地知道自己在干什么的人造成的，而不是那些处于困惑中的人造成的，不是那些“心灵可怜之人”造成的。

在《少有人走的路：心智成熟的旅程》一书里我说过，质疑是通往神圣之路。只要去寻找，你就能发现许多真理的碎片，并且拼接成图。但是，你永远不可能穷尽这样的智力游戏。你所能做的，就是把这些碎片拼接到一起，由此窥视浩瀚宇宙的冰山一角，欣赏它们的美丽。

如果生活都深埋在神秘之中，就如同婴儿在黑暗里蹒跚而行，那么我们如何生存下来？我认为：一个是一口咬定斯科特·派克和阿尔伯特·爱因斯坦错了，他们肤浅无知，我们知道的远超他们所想象的；另一个就是承认我们是受保护的，这其实正是我的看法。但是，这种保护是如何发挥作用的，我并不知情。

丨第六章

心灵成长的四个阶段

在心智成熟的旅程中，人的心灵成长可以分为四个不同的阶段。我对心灵成长阶段的了解不是靠读书得来的，而是得益于自己的人生经历。第一次经历发生在 15 岁时，当时我打算参观几个基督教堂。某种程度上说，我有兴趣了解基督教究竟是怎么回事，不过，我对看姑娘更感兴趣。

我参观的第一座教堂只有几个街区远。那里有当时最著名的牧师，他的星期日布道经常在广播里反复播放。哪怕我当时只有 15 岁，我仍轻而易举地发现他是个沽名钓誉的骗子。然后，我走到街对面的另一座教堂里，那里的牧师不像第一个那么有名，但我一眼就看出他是个神圣的人，是上帝虔诚的子民。直到现在我都记得他的名字叫乔治・巴特里克。

当时尚未成熟的我完全搞不清状况。一个是当时最著名的牧师，但在心灵成长方面，我觉得自己远胜于他。另一个平凡普通，而在心灵成长方面却绝对领先我若干年。这似乎不合情理，也解释不通。

另一次经历发生在我做心理医生几年后，我注意到一种奇怪的现象。如果宗教信仰者因为陷入痛苦、麻烦或困境而来找我，经过治疗后，他们多半会变成质问者、怀疑论者、不可知论者，甚至可能是无神论者。但是，如果无神论者、不可知论者或怀疑论者来找我，经过治疗后，则多半会变成虔诚的信徒或关注精神生活的人。

同样的医生，同样的治疗，同样都取得了成功，结果却截然相反。这一现象让我困惑不解。直到后来，我渐渐认识到，我们每个人在心灵上都处在不同层面，有着不同的发展阶段，我们必须小心而灵活地看待它们。因为更高的力量能够借助奇特的方式介入我们的生活，而人们又无法按既定轨迹，恰好进入相应的心灵成长阶段。

第一阶段，也是初始阶段，我将其定义为“混乱的、反社会的”。处于这一阶段的人约占人口的20%，包括那些我称为“说谎的人”。总的来说，这是一个心灵缺失的阶段，处在这一阶段的人是完全没有原则的。我之所以说他们是反社会的，是因为他们貌似很有爱心，实际上，他们与周围人的关系却是自私的、颠倒的、操纵式的。他们从不讲原则，除了自己的意愿，任何规章制度都不放在眼里。因此，他们经常会陷入麻烦或困境，要么犯罪入狱，要么生病入院，要么流落街头。然而，他们中不乏具有自我约束力的人，这些人为理想而孜孜努力，常被委以重任，甚至可能成为著名的牧师或总统。

在第一阶段，人们偶尔也会触及他们自我本质的混乱。这大概是一个人最最痛苦的经历。大体上，人们能安然度过这个时期。但是，如果这种持续的痛苦不堪忍受的话，他们可能就会选择自杀。我想，一些无法解释的自杀或许可以归入这一类。偶尔，他们也可能从这种状态直接进入第二阶段。这样的转换通常非常突然，颇具戏剧性。仿佛是上帝真的莅临人间，一把抓住那人的灵魂，将其送入更高的层次。某些人身上发生的这种令人惊讶的事情，通常是无意识的。如果你认为是有意识的，我想一定是那人对自己说："我情愿去做任何事情——只要能把我自己从这混乱中解放出来，甚至，从此受束于某个制度。"

由此，他们转换到第二阶段，我将其定义为"形式的、制度化的"。之所以称其为制度化的，是因为在这个阶段中，人们依赖于一个制度来统治他们。对某些人而言，制度可能是监狱。根据我的经验，当一名新来的心理医生被派到监狱时，总会有一名囚犯负责把同牢房的犯人召集到一起，参加小组治疗，他是典狱官的得力助手，同时他还要小心他人暗算。他是模范囚犯、模范公民，在"制度"之下把自己调整得非常好，总是最早得以假释。然而，回归社会后，他立刻变成了犯罪浪潮中的一分子，之后又被捕入狱。在监狱中，他再次成为模范公民，在制度的大墙里重新使自己的生命焕发生机。

对其他人而言，制度也许就是军队。在社会中，军队扮演的是一个非常积极的角色。要是不以家长式作风来管理军队，军队就毫无战斗力可言。同理，人们不受制度的约束，生活也将一片混乱。

对一些人来说，他们所服从的制度可能就是高度组织化的商业公司。但对更多的人来说，它是教堂。确实，多数经常去做礼拜的人都可以归入第二阶段，即“形式的、制度化的”阶段。因为这一阶段的人们，以宗教倾向或宗教行为为特征。也就是说，他们依赖于教堂制度对他们的管理，非常注重宗教的形式，所以我称其为“形式的”。

如果有人开始推陈出新，改变他们的礼拜仪式或引入新的赞美歌，第二阶段的人们就会非常苦恼。例如，20 世纪 70 年代中叶，英国国教教堂决定改变某些原有规定，允许人们在不同的礼拜日，以不同的方式去祈祷。结果，许多人奋起反对，最终导致了教派的分崩离析。这种混乱在世界每种宗教内、每个教派内都发生过。

第二阶段的人们之所以会为这种改变而心烦，是因为在某种程度上，他们要依赖那些形式，设法让自己从混乱中解脱出来。

在这一阶段中，宗教特征的另一个表现，是人们把上帝视作一个完全超然物外的存在。与此同时，他们对每个人心中的那个上帝却知之甚少。实际上，这是人类精神之中固有的神性，用神学家的术语就是“无所不在的”。而他们完全认为，上帝超脱于心灵之外。他们总是按照男人的模式来想象上帝，他们相信上帝既是爱，也是惩罚。一有时机，上帝就会毫不犹豫使用这种惩罚。上帝就像一个高高在上、巨人般高大而又仁慈的警察，在某种意义上，第二阶段的人们需要的正是这样的上帝。

让我们设想一下，处于第二阶段的两个男女相遇，结婚生子。他们家庭稳固，抚养着自己的孩子。因为稳固对于第二阶段的人们非常重要。他们以孩子为荣，并尊重他们，因为教义说过，孩子是重要的，应该被尊重。虽然他们的爱有点像守法主义，缺乏想象力，但他们是彼此钟爱的，因为教义告诉他们要有爱心，也教了几招示爱的方法。

一个在这样稳定而有爱心的家庭里长大的孩子会怎么样？显然，孩子将汲取父母的宗教原则，就像吸吮母亲的乳汁一样，不管他们信天主教、佛教、伊斯兰教还是犹太教。到了孩子的青春期，这些原则已在他们的心中留下烙印，用心理学的术语说叫作“内化”。一旦这样，他们将变成有原则的、能够自我管理的人，而不再依赖于某个制度。这时候——通常是在青春期，他们开始说：“谁需要这些愚蠢的神话、迷信和过时的旧制度？”然后他们开始疏远教堂，变成了怀疑论者、不可知论者或无神论者。对于这些变化，他们的父母会惊恐、懊悔，这完全没必要。因为，他们已开始转换到心灵成长的第三阶段，我将其定义为“怀疑的、个人主义的”阶段。

一般说来，第三阶段的人们在心灵上应该高于第二阶段的人们，他们没什么宗教信仰，也不反社会，而是深深地涉足于社会。他们往往会成为某个领域或机构的中坚力量。他们信守承诺，深爱父母。通常情况下，他们富有钻研和探索精神，也会成为真理的追求者或是科学家。他们能发现许多真理的碎片，并由此窥见宇宙巨幅画卷之一角。他们会看到，这幅画卷美丽绝伦，而且与他们处于第二阶段的父母笃信的远古神话和迷信竟如此相似！简直太奇妙了！从这时起，他们开始转换到第四阶段，我将其定义为“神秘的、普适性的”阶段。

我使用“神秘的”来形容这一阶段，尽管这是一个难以定义的、被赋予贬义内涵的词汇。神秘主义者有一个特点：他们能够洞察到事物表面之下的某种联系。自古以来，神秘主义者认为男人与女人、人类与其他生物、活在世上的人与这个世界之外的生物之间，都有着各种关联。他们能看到这种关联。不管在什么文化或宗教背景下，神秘主义者都无一例外地谈到了统一性和公共性，而且总是使用模棱两可的语言。

神秘主义者源自于词根“神秘”。无疑，神秘主义者是爱好神秘的人，他们喜欢阐释神秘，非常自在地生活在神秘的世界里。而对于第二阶段的人来说，当事情不再按部就班时，他们就非常不舒服。

这些原则具有普适性，不仅仅是在美国，也不仅仅是基督教，而是所有国家、所有文化和宗教。确实，世界上所有最伟大宗教的特点之一，就是它们似乎能够同时跟第二阶段和第四阶段的人对话，好像一个已知的宗教教义可以有两种不同的解释。举个犹太教的例子，《旧约·诗篇》第 111 篇末尾一句是“敬畏耶和华是智慧的开端”。对于第二阶段的人，这句话被解释为：“当你开始害怕那个天空中的巨人警察时，你就真正聪明起来了。”说得没错！但对于第四阶段的人，可以理解为：“对上帝的敬畏展现给你启蒙的途径。”这也没错！

再举个例子。“耶稣是救世主”，这个句子被反复诵读。对第二阶段的人，这句话往往被解释成：“耶稣是公平的，无论我何时陷入麻烦，只要我呼唤他的名字，他就能够拯救我。”第四阶段的人则理解为：“耶稣通过他的生与死，为我指引一条救赎之路。”

我注意到，这种对经书的不同解释，在各种宗教中都有所表现。我想，它们之所以能成为伟大的宗教，就在于它们可以同时给不同阶段的信徒以阐释的空间。

对抗与信仰

不管处于哪个阶段，最大的问题是，人们在心灵之旅不同阶段所感受到的相互威胁。这也是我们需要了解这些阶段最主要的原因。

我们一般会认为，那些仍处在前一阶段的人们对我们是一种威胁，因为我们刚刚走过那个阶段，对新身份模糊不清，因而缺少安全感。但大多数情况下，比我们更高一阶段的人们带来的威胁才是更大的。

第一阶段的人会经常表现得像一只冷静的小猫。但是如果你细心观察，就会发现他们实际上对每一件事、每一个人都感到害怕。

第二阶段的人一般不会觉得第一阶段的人具有威胁力。在他们眼中，第一阶段的人都是有罪的。他们甚至喜欢“有罪者”的存在，把他们看作实现自我净化的沃土。但是，他们往往会受到第三阶段人的威胁，甚至更多的是受到来自第四阶段人的威胁。因为第四阶段的人们似乎与他们信仰同样的东西，但似乎更自由，更恣意随性，这让他们感到恐慌。

第三阶段的人都是怀疑论者，第一阶段里“无原则者”和第二阶段里被他们视为“迷信的白痴”的人都不足为惧。但是，他们往往会为来自第四阶段的威胁而胆战心惊。那些人似乎跟他们一样有思想，知道如何写出好的脚注，并且信仰虔诚。如果你对第三阶段的人提到“皈依”一词，他们眼前将会马上浮现出传教士或异教徒的形象，他们恨不得从房顶一跃而出。

我使用“皈依”一词，能更形象地描述心灵成长的阶段性转变。然而，在具体转变中，又有明显的不同。第一阶段转换到第二阶段通常会非常突然，极具戏剧性。而从第三阶段转换到第四阶段，往往是渐进完成的。例如，有一天我和《作为宗教的心理学》一书的作者保罗·威茨在一起，我问他何时成为基督徒时，他挠挠头说：“嗯，大概是 1972 年到 1976 年的某个时候吧。”同样的问题，如果你去问第二阶段的人，他们会说：“8 月 17 号晚上 8 点钟！”绝对的，完全不同的回答。

我说过，在精神层面，第三阶段的人绝对高于第二阶段的人，尽管后者经常去做礼拜。这些人其实也经历了一种“皈依”——对怀疑论和怀疑的“皈依”，类似于《圣经》中的“心灵割礼”。而第二阶段的人，是从特定时间才开始承认，耶稣是他的救世主，他们尚未完成对和平与正义的“皈依”。“皈依”不是顷刻间发生的事情，如同任何形式的心灵成长一样，它是一个持续的进程。我希望继续“皈依”，至死不休。

表象的欺骗性

判断心灵的成长阶段时，我们需要谨慎而灵活的态度。许多人表面看来属于某一个阶段，实际上并非如此。就像那些前往教堂的人，乍一看，好像都属于第二阶段。但在内心中，他们对自己的宗教并不满意，甚至持怀疑态度。这种情况非常普遍。在近郊一些富裕社区，每逢星期日，许多公理会派和长老派牧师与信徒谈论心理学，对上帝避而不谈，他们担心谈论上帝会带来危险。有些人反复对上帝品头论足，忽视宗教或精神。这些人伪装成第四阶段的人，实际上却是第一阶段的罪犯。

同样地，不是所有的科学家都能归于第三阶段。他们知道如何写出好的脚注，也能在自己熟悉的研究领域有所建树，却对其他领域漠不关心，从而忽视了整个世界的神秘性。这样的科学家也只能是第二阶段的人。

还有一些人，心理医生称其为“暧昧人格”的人。其特征之一就是，一只脚留在第一阶段而另一只脚却迈进了第二阶段，一只手在第三阶段而某一个手指却伸进了第四阶段。似乎哪儿都能见到他们的影子。他们缺少一致性，这也是我们称其“暧昧”的原因：在边界或界限问题上，他们常常模糊不清。

此外，还有人可能已进入一个很高的阶段，却又滑落回去了。我们称之为：退步者。其典型代表就是，他或许是个沉溺于酒色、赌博成性的人，生活放纵，直到有一天，他无意中遇到某个信奉基督教的人，交谈之后，他得到了救赎。接下来的几年间，他过上了严谨而正直的生活。然后有一天，他突然消失了，没有人知道他去哪儿了，直到半年以后，有人在贫民窟的赌场发现了他。

还有一些人，会在第二阶段和第三阶段之间跳来跳去。最具代表性的例子就是某些经常做礼拜的人。他会说：“当然，我仍然信仰上帝，我意思是，看看大自然是多么美丽啊——山清水秀，白云飘浮，百花盛开。人类的智慧绝对创造不出这样的美丽，一定是某个智慧之神在千百万年前安排了这一切。但是你知道，高尔夫球场的美丽绝不亚于星期日上午的教堂，所以，我可以在高尔夫球场上做礼拜。”

所以，这个人选择了高尔夫球场而不是教堂。一切都好。直到有一天，他的生意突遭波折。这时他才恍然大悟：“噢，我的上帝，我很久以来没去教堂祈祷了！”于是回到教堂，卖力地祈祷，可生意好转后，他又回到了高尔夫球场，忘记了祈祷。

另外一种人则是在第三阶段和第四阶段之间跳来跳去。我有个朋友叫“希奥多”，意为“上帝的赠礼”。希奥多是个思维缜密、逻辑清晰的人，白天总能迸发出许多杰出的科学思想，但他不善言谈，聊天枯燥乏味。偶尔在晚上，喝点儿酒后，他就会滔滔不绝，妙语连珠，生活、死亡、意义和光荣无所不谈，以致我经常入迷地坐在他身边。但是第二天上午，他会对我说："我不知道自己昨天晚上怎么啦，我在谈论一些最疯狂的问题，我不能再喝酒了。"我不是主张酗酒，而只想借此说明，在这个特别的案例里，他放松自己之后，本我得到了回归。但是，在平常的日子里，他又胆怯地退回到他所习惯的第三阶段。

人的发展与心灵的成长

当我们还不是无可救药地向后退步时，发展与成长就是可能的。但是，我们不能因此略过心灵成长的任何一个阶段，就像企图略过人类心理发展阶段一样。实际上，这两种成长轨迹非常相似。例如，孩子 5 岁前，更像是处在第一阶段。他们分不清对与错，他们撒谎、欺骗、偷窃、肆意做手脚。而长大成人后，他们并没有成为大家想象的说谎者、骗子、小偷和做手脚的人。事实上，许多人都成了诚实的、正派的、守法的人。

从 5 岁到 12 岁，孩子们往往表现出第二阶段的特点。他们可能很调皮，但并非不可控制。基本上，他们能按父母意愿行事，是很好的模仿者和跟随者。但是到了青春期，矛盾凸显，过去把父母的话当成是上天的指令，而现在他们却常常反驳和拒绝父母的指令。这就是个人成长的质疑和怀疑阶段，也就是第三阶段。直到青春期过去，第四阶段才能开始。

这样一个发展顺序对某些人来说可能非常顺畅，对另一些人则不然。例如，我有一个朋友，他生长在一个爱尔兰天主教家庭，若进行归类的话，这个家庭应该属于第二阶段。15 岁时，他进入了青春叛逆期。他随父亲迁到阿姆斯特丹，被送进一家耶稣会学校。那里的信徒都是一些阅历丰富之人，第四阶段特征甚为明显。我的朋友受其熏染，很快成为耶稣会信徒。他们鼓励他质疑，把他引入了怀疑主义。当他 19 岁从阿姆斯特丹回来时，已经进入到第四阶段的早期了。

正如在各个成长阶段间快速前进是有可能的一样，向回滑落也完全是可能的。多年以前，我受聘在一家修道院做咨询。一天，来了一批申请加入修道院的新人。在批准她们成为见习修女之前，我要同她们谈话，这是决定她们能否进入修道院的重要一步。我记得有这样一位特殊的申请人，一位 40 多岁的女人。主持见习的修女很担心她，要我跟她谈谈。我发现，她是一个理想的圣职人员，但其他的申请人和见习修女却不喜欢她。

交谈过程中，让我感到震惊的是，坐在我面前的好像不是一位 45 岁的妇女，她的举止、神态更像一个有点儿愚蠢的 8 岁小姑娘。当我问她心灵方面的问题时，我听到的回答好像不是出自她之口，而更像一个听话的小姑娘流畅地背出她已经准备好的教义。自然，作为一名心理医生，我提出了我的问题：“跟我讲讲你的童年。”

她说道：“噢，我有一个非常非常快乐的童年。”我立刻起了疑心，因为没有人会有非常快乐的童年。所以，我说：“告诉我，好在哪儿？”她告诉我，她有一个大她一岁的姐姐，关系亲密，一直都是在一起玩。姐姐还发明了一个名叫 Oogle 的魔鬼。有一次她俩一起在浴缸里玩，姐姐突然大叫：“看外面！ Oogle 来了！”于是她吓得把头缩进水里。结果妈妈打了她。我问为什么，她说：“因为我把头发弄湿了。”

然后我又得知，她妈妈在她 12 岁时得了多发性硬化症，在她 18 岁时去世了。她虽然正常进入了青春期，但是，她又怎么能对正遭受疾病折磨的母亲表现出青春期的叛逆？在她尚未成熟，尚不能分辨何时该表现出叛逆，何时不该表现时，母亲又去世了。如果不能正常经历青春期叛逆，你可能就会永远停留在第二阶段。这名妇女就是如此。

检查你的地牢

心灵成长阶段中另一件需要知道的重要事情是，无论我们走得多高多远，我们都会或多或少保留一些早期的痕迹，就像人体残存的附件阑尾一样。在我的人格地牢里，就有第一阶段一些东西埋藏下来：斯科特·派克是一个罪犯，尽管我努力不让它跳出来。确实，正因为我意识到它的存在，我才能够随时记住往这个地牢里添砖加瓦，以防止它跳出来。但是，这也是一间非常舒适的牢房，铺着地毯，有彩色电视机。有时在夜晚，当我思考一些事情时，可能会走下去，到地牢去和它倾心相谈。

同样，在我的人格中，也保留有第二阶段的一些遗迹：在面临压力和负担时，斯科特·派克非常渴望身边有个哥哥或宽容的爸爸给他指引方向，以应对生活中的困难和挫折；他们能够替他承担起责任，为他排忧解难。对于这些遗留下来的东西，我用水和面包抚养着它们。

与此类似，还有一个第三阶段的斯科特·派克。他在面临某些方面的压力时，会想到回归或“退步”。他可能会依赖科学而不是心灵。我常说，如果我被邀请去美国心理医学协会演讲，可能只会说说控制研究之类的话题，而不会谈及任何不可计量的心灵事务。但当我真的被邀请时，我尽了最大力量把第三阶段的斯科特·派克扔到地牢里，让它与第一阶段的斯科特·派克做伴去了。

这些都没有错。无论我们走得多高多远，我们都无法摆脱心灵发展早期阶段残留下来的遗迹。所以，如果正自鸣得意，觉得你自己已稳步地走在第四阶段的正确道路上，那么赶快检查一下你的地牢。相反，如果你感到自己的不足还有很多，这将有助于你自醒，认清我们身上残留的遗迹，向更高级的阶段拓展。就像奥斯卡·王尔德所说：“每个圣徒都有过去，每个罪人都有未来。”

第七章

神话：人性的旅程

在大多数人看来，神话讲述的都是一些虚幻的东西。但是，过去 60 多年来，我们在心理治疗和心理学方面取得的进展之一，就是发现神话其实非常严谨，它深刻地反映了复杂而又丰富的人性。

在这方面，我们要特别感谢卡尔·荣格和研究比较神话的作家约瑟夫·坎贝尔所做的努力，特别是后者。

在不同的文化里，神话以非常雷同的方式被孕育出来，尽管夹杂着某些虚幻色彩，但你仍然能够发现，神话之所以不朽，原因就在于它包含着一些伟大的真理，所涉及的几乎都是与人性有关的问题。

正因为神话涵盖了人性的本质，所以它能帮助我们发掘人性、认清自我。一句话，要了解人性，就必须先了解神话。

传 说

许多伟大的考古学家一开始都被视为疯子，因为他们相信流传下来的传说或故事，而在其他人眼中，这些则是不真实的。

最好的例子就是海因里希·施里曼。1830 年前后，他尚未成年，在一家食品杂货店当学徒。有一位年纪较大的人总是到这家杂货店吃午餐。他经常一边喝咖啡，一边流利地背诵荷马史诗《伊利亚特》中的章句。听着他的诵读，海因里希被特洛伊的故事深深地吸引了，他发誓长大以后去寻找特洛伊。

当他把这个想法告诉别人时，所有人都说："噢，别傻了，荷马的《伊利亚特》不过是一个神话。根本就没有特洛伊，它只是神话当中的一个地方。"但海因里希仍然坚信特洛伊是真实的。为了能够攒下钱来进行自己的研究，他全力投入工作。36 岁的时候，他成为很富有的人。从那时起，他放弃了自己的生意，出去寻找特洛伊。果然，大约 10 年以后，他找到了它，就在今天土耳其的西海岸。《伊利亚特》所讲述的故事不仅仅是神话，而是有历史依据的。

另一个例子就是考古学家爱德华·汤普森。大约在 19 世纪末到 20 世纪初，汤普森听说了一个古老的玛雅传说：一口用来淹死少女的井。据说，人们会先给这个少女披挂上金首饰，这样她就会更快地沉入水底。通过这种仪式，把她献祭给住在井底的雨神。于是，汤普森决定寻找那口井，尽管人们都劝说：“那只是一个荒唐的传说。没有过这样的井，它从未真正存在过。”

汤普森来到墨西哥，在那儿他得知，这里有一座巨大的、已经被毁灭了的玛雅古城，深埋于尤卡坦半岛的丛林深处，其中有一处叫作“井口”。于是，他以用作农场的名义买下了那块地，不久就发现了两口巨大的井，确切地说是大坑。仔细勘查之后，他猜测，那口稍大一点的直径大约 6 米的井，有可能就是他要找的。之后，他返回波士顿的家中，从亲戚朋友那儿四处筹钱，购买了挖掘设备和深海潜水装备，甚至自己学会了潜水。

然而，他的挖掘一无所获。年复一年，他和工人们挖上来的只是一筐又一筐的泥土，没有金子，也没有骨头。他的钱所剩无几，5 年的努力即将付之东流。濒临绝望之际，他意外发现了第一块骨头。事实上，他找到的是一个完整的考古遗址，里面有大量的金银珠宝。他的努力得到了回报，也恢复了自信。他证实了，把披金戴银的少女丢进井里的传说，确有其事。

下面，再讲讲我自己的例子。我自己并不相信亚特兰蒂斯的传说。这是一个传说中沉没于大西洋的岛屿，被认为是沉入海底的岛屿文明。1978 年，我们全家人去希腊旅行。有一天，我们租了一条船，沿着著名的希腊岛屿——爱琴海南部的基克拉迪群岛航行。这个群岛的最南端有一座小岛：希腊名字为锡拉；意大利名字为圣托里尼。当我们朝着这个小岛航行时，我父亲告诉我们，他从一本旅游指南上得知，有人认为这岛屿可能就是亚特兰蒂斯。

这想法让人发笑，但随后所见让我觉得这个想法并不荒唐。我们驶进了一片海域，看上去像是一个夹在两个岛屿之间的海湾。我立刻意识到，这是一个巨大的火山口，它的直径大约有32千米。后来的探查使我们得知其中的原委。1967年的某个夜晚，一个农夫赶着骡子在犁地，他的妻儿和邻居在旁边闲聊。突然间，农夫不见了。人们不知道发生了什么，只是在农夫最后消失的地方，听到隐约的哭泣声。地上有个大洞，农夫可能掉进去了。那不是个简单的洞——而是一座城市。这是被埋在火山灰烬之下的阿科斯罗蒂尼城。这座城的历史可以追溯到青铜器时期，是一种希腊和非洲文化的混合体，是世界上最早出现彩绘窗户的地方。这些发现是如此激动人心，以致在我们那次旅行10年之后，雅典博物馆又建造了一个侧厅，专门收藏在阿科斯罗蒂尼出土的艺术品。

所以，我成了一个信徒，因为我去过亚特兰蒂斯。

神话和童话

传说不同于神话，它是过去发生的故事，也许是事实，也许是虚构的。特洛伊传说就是真的，祭祀井的传说也所言非虚。我认为，亚特兰蒂斯的传说也是真实的。不管真实与否，像祭祀井这样的传说，对我们并没有多少教育意义。但是荷马史诗《伊利亚特》，不仅是真实的传说，也是一个神话，所有有关人性的意义都蕴含其中，神话与单纯的传说区别就在于此。

童话和神话也有区别。圣诞老人只是一个童话人物，诞生的历史只有几百年，地球上仅有 1/5 的人知道他。龙则是一个神话。早在圣诞老人被编造出来前，基督教僧侣们就在欧洲的修道院里不辞辛苦地抄写手稿，并在空白处画上龙来作装饰。中国道士、日本和尚以及印度教教徒和阿拉伯的穆斯林也有类似行为。

为什么是龙？为什么它如此国际化和普遍化呢？

答案是：它们是人类的象征。

它们是带翅膀的蛇，是会飞的虫子，而我们则像爬虫类，在地上潜行，陷入罪孽和狭隘文化偏见的泥潭里；人类渴望自己也能像鸟儿在天空翱翔一样，超越所有罪恶和文化偏见。

我认为龙得以普及的原因之一，就在于它是最简单的神话。但龙也并不简单。它是多重的、双面的造物，象征着一个悖论。这是神话存在的原因之一——展现多重的、自相矛盾的人性的不同层面。

神话既有矛盾性，又有多重性，所以你不能够轻易相信它们，以免让自己陷入麻烦。然而，普通的童话则过于肤浅和简单化，相信它，你同样会陷入麻烦。在生活中，亦是如此，过分简单化的思考会使人陷入痛苦，我们希望事情黑白分明，希望事情非此即彼。然而，生活的因素不是单一的，它至少是两种因素共同起作用的。

比如，在我演讲时，某些基督教徒会问：“派克医生，同性恋的人应该被任命为牧师吗？”他们这样问，就好像同性恋不是好事就应该是坏事。可是，我从自己有限的心理治疗经验里了解到，有一些同性恋是由于在畸形家庭里长大而形成的，还有一些同性恋者，是遗传因素造成的。这样的同性恋者虽然在理论上有治愈的可能，但实际上却困难重重。除此之外，同性恋者还有各种各样的混合因素。一个人是否成为同性恋，是生理和心理双重作用的结果。所以，如果我们简单地把同性恋判定为不是好事就是坏事，实在是曲解了世界的微妙和复杂。“同性恋者应该被任命为牧师吗”，与“异性恋者应该被任命为牧师吗”的答案一样：它既取决于同性恋者，也取决于异性恋者。

责任的神话

神话是理解人性的矛盾性、多面性、复杂性的绝好教材。你可能还记得在《少有人走的路：心智成熟的旅程》里，我提到俄瑞斯忒斯的神话，俄瑞斯忒斯是阿特柔斯的孙子。阿特柔斯野心勃勃，想证明自己无与伦比，甚至比诸神更伟大，所以遭到诸神的惩罚，他的后代都遭到了诅咒，导致俄瑞斯忒斯的母亲克吕泰墨斯特拉与人私通，谋杀了自己的丈夫——俄瑞斯忒斯的父亲阿伽门农。就这样，诅咒又降临到俄瑞斯忒斯头上——根据古希腊伦理法则，儿子必须为父亲报仇。但是，弑母的行为同样为希腊法理所不容。俄瑞斯忒斯进退两难，承受着巨大的痛苦，最后他还是杀死了母亲。于是，诸神派复仇女神昼夜跟踪，对他进行惩罚。有三个形状恐怖、只有他看得见听得着的人头鸟身怪物，时刻都在恐吓他、袭击他、咒骂他。

不管走到哪里，俄瑞斯忒斯都被复仇女神追赶。他到处流浪，寻求赎罪的方法。经过多年的孤独、反省和自责，他请求诸神手下留情，撤销对阿特柔斯家族的诅咒。他说，为了弑母之罪，他已付出了极大的代价，复仇女神不必紧追着他不放。于是诸神举行了大规模的公开审判。太阳神阿波罗为俄瑞斯忒斯辩护，说所有的一切都是自己亲手安排的，他下达的诅咒和命令，使俄瑞斯忒斯陷入了弑母雪耻的困境。此时，俄瑞斯忒斯却挺身而出，否认了阿波罗的说法。他说："有过错的是我，是我杀死了母亲，与阿波罗无关。"他的诚恳和坦率，让诸神十分惊讶，因为阿特柔斯家族的任何人都不曾有过为自己行为负责的情形，他们总是把过错推到诸神头上。最终，诸神决定赦免俄瑞斯忒斯，取消了对阿特柔斯家族的诅咒，还把复仇女神变成了仁慈女神。人头鸟身的怪物变成了充满爱心的精灵，从此给予俄瑞斯忒斯有益的忠告，使他终生好运不断。

这个神话的含义并不难理解，只有俄瑞斯忒斯能看得见的复仇女神的幻影，代表着他自己的症状，也就是他患有严重的心理疾病。而复仇女神变成仁慈女神，意味着心理疾病得到治愈。俄瑞斯忒斯实现了局面的逆转，是因为他愿意为自己的心理疾病负责，而不是一味逃脱责任或归咎到别人头上。虽然他尽力摆脱复仇女神的纠缠和折磨，但他并不认为他自己遭受到了不公正的惩罚，也不把自己看成社会或环境的牺牲品。作为当初降临到阿特柔斯家族身上的诅咒，复仇女神象征着阿特柔斯的心理疾病，这是阿特柔斯家族的内部问题，也就是说，父母或者祖父母的罪过，要由他们的后代来承担。然而，俄瑞斯忒斯没有怪罪其家族，没有指责他的父母或祖父母，尽管他完全可以那样做。他也没有归咎于上帝或者命运。相反，他认为局面是自己造成的，他愿意为此付出努力，以洗刷罪过。这是一个漫长的过程，如同大多数治疗一样，都要经历漫长的时期，才能最终见效。最终，俄瑞斯忒斯获得了“痊愈”，他通过努力完成了“治疗”，而曾经带给他痛苦的一切，也变成了赋予他智慧和经验的吉祥使者。

这一神话非常典型地反映了从心理疾病到心理健康的转换。这样一个不可思议的转换，其“代价”就是勇于对自己、对自己的行为负责。

万能的神话

我在《不一样的鼓声》里谈到的另一个神话，同样给人以启迪。伊卡鲁斯和他父亲企图从监狱里逃跑，他们借助于羽毛和石蜡做的翅膀飞了出去。伊卡鲁斯越飞越高，想一直飞到太阳那儿去。可他刚刚要接近太阳的时候，热量便熔化了他的翅膀，使他坠地身亡。

这个神话的寓意是，试图想当然地拥有上帝般的力量是愚蠢的。太阳通常是上帝的象征。因此，我认为这个神话还有一层意思，就是仅靠自己的能力无法接近天堂，只有上帝扶助我们才能接近。其他的方法只会让人陷入麻烦，坠落而亡。

这是人们在“心灵成长”过程中遭遇到的问题之一。走上心灵旅程之后，人们总是想凭一己之力实现“心灵成长”。他们以为，到修道院做一次周末静修，参加禅宗的课程和苏菲派的舞蹈活动，或是加入增强意识自我实现训练，就会进入涅槃。遗憾的是，这些方法并不奏效。如果你坚信仅靠自己实现这一目标，麻烦就会找上你——就像伊卡鲁斯一样。

因此，如果你认为能够自行设计心灵成长之路，是不会成功的。我的意思不是要贬低某些训练班或其他形式的自我探索，它们可能很有价值。做你觉得应该去做的事，同时做好准备，不再执着于自己能得到什么，而是欣然面对你无法掌控的意外事件。在心灵旅程中，最重要的是学会妥协。

《圣经》里的神话

《圣经》是什么？它是真实的吗？它是一本神话集，还是一些过时的规则？它与我们的生活有什么关联？

一位女士曾对我说："以前，一想到《圣经》是一本正统基督教的经书，我就厌烦，读不下去。但是有一天，我突然意识到，它看似矛盾，实则充满精妙之语，从此我就完全爱上它了。"

的确，《圣经》是一本自相矛盾的故事集。它是各种传说的混合体，各种历史的混合体，各种规则的混合体，神话和隐喻交融其中。

如何诠释《圣经》？根据我的经验，尽管原教旨主义者强调它的重要性，但同时也在奇怪地滥用《圣经》。实际上，"原教旨主义者"是一个误称，更恰当的表述应该是"绝对正确之人"。

他们相信《圣经》是非凡的、有灵感的上帝的神谕，必须原封不动地照抄照搬。在他们看来，对《圣经》只能有一种解释，那就是他们自己的诠释。依我看，这样的想法只会使《圣经》枯竭。

"田园劝导运动"的发起人之一韦恩·奥茨，曾就此问题谈到一个年轻人的事，那个人挖去了自己的一只眼睛，原因是耶稣说过："如果你的眼睛冒犯你，就摘掉它。"韦恩说："你知道，我是一个优秀的南部浸礼会老教友，非常热爱我主耶稣，但是我从心里希望他从未那么说过。"

问题不在于耶稣说过什么，而在于从耶稣的话里领悟到什么。当然，耶稣本意不是让你切掉胳膊或挖出眼睛，他的意思是在前进的路上，有什么东西妨碍了你的心理健康或心灵成长，你应该抛弃它，而不是坐在那儿抱怨。

所以，《圣经》不能单纯按字面来理解，它有大量的比喻和神话，因此，它容易引起各种各样复杂的或相互矛盾的诠释。

善与恶的神话

最具复杂性和多重性的神话就是《创世记》第三章，伊甸园里亚当和夏娃的神话。神话像梦一样，可以用弗洛伊德的“凝缩”来解释。一个单独的梦能够凝缩两个或三个不同的意思，这当然也适用于伊甸园的神话。这个离奇的故事，包含十几个甚至更多的深刻真理，阐释着有关人性的真谛。

《创世记》第三章是关于人类意识演化过程的神话。人吃了善恶树上的禁果之后，开始有了意识，有了意识便有了自我意识和羞怯，于是善与恶相伴而生。

这个精彩而丰富的神话还教给我们另一件事情，就是关于选择的力量。在我们分辨那智慧之树的善恶之果前，我们没有真正的选择，因为我们还没有自由的意志，直到《创世记》第三章里描述的那一刻起，我们才开始有了意识，有了追求真理还是追求谎言的选择。因此伊甸园神话对于佐证善与恶的起源也是作用良多。你不可能生来就恶，除非你选择。上帝在敞开自由意愿大门时，恶必然也会进入这个世界。

另一个早期的关于意识进化的神话则源自《创世记》第一

章，其中也涉及进化和善恶。它讲述了万物衍生的过程，上帝首先创造了天空、大地和水，接下来是植物和动物，这同地质学和古生物学确认的顺序是一样的。这个顺序就是科学家确认的进化的顺序。

由此，我突然对《创世记》第一章有了全新的理解。我想象着，上帝首先创造了光，他打量着它，觉得很好，于是又创造了土地，觉得也还不错，于是他又把大地和水分开。他继续创造了植物与动物，当他觉得自己创造的这一切都很好时，又创造了人类。由此我想到，从善的冲动就是对创造力的追求。

然而，从恶的冲动则是毁灭性的。善与恶、创造与毁灭的选择，都取决于我们自己。我们必须承担选择的责任，并接受随之而来的结果。

英雄的神话

约瑟夫·坎贝尔在《千面英雄》一书中讲述了“英雄诞生的神话”，借此来告诉我们真理。英雄神话非常具有代表性，不同文化背景下，表现形式略有差异，但模式相同：总是有一个太阳神，一个月亮女神，他们结合了，生了一个孩子，而且都是男孩，在成长过程中，这男孩都要经历一个奋斗、动乱和痛苦的历程，最终成长为一个英雄。

这一神话意味着什么？首先，让我解释一下什么是英雄。英雄就是能够解决别人不能解决的问题的人。例如，一个美丽富饶的国家，人民生活幸福安定。但是，一条暴戾、卑鄙、令人生厌的恶龙出现了，破坏了这一切。所以，国王决定，无论是谁，只要能杀死那恶龙，就可以娶美丽的埃斯米拉达公主为妻。消息传遍全国，一个又一个最勇敢的哈佛或耶鲁培养出来的骑士站了出来，同恶龙搏斗，但都被吃掉了。形势变得非常严峻，似乎一切都要毁灭。这时，从布朗克斯森林外面来了一位年轻的犹太人，他在纽约大学受的教育，有某种不寻常的智慧。经过仔细谋划，他杀死了恶龙。于是，这个年轻人娶了美丽的埃斯米拉达公主，从此过着快乐无比的生活。

这个年轻人就是英雄，因为他解决了其他人无法解决的问题——杀死恶龙。但他又是如何办到的？神话中，英雄必定是太阳神和月亮女神的后代。其实，这个神话也是在阐述男子气概和女子气质。

长期以来，我们总是倾向于男人阳刚、女子阴柔的二分法，不管在传说中还是在生活里。比如，目前一个非常流行的研究领域就是左右脑的关系，认为它们分管不同的思维领域。如果把它用于“英雄诞生的神话”，太阳神就象征着男子气概，追求光明、理智和理性，即善于分析的左脑型思考；而月亮女神则代表女子气质，追求幽暗、感性和直觉，即右脑型思考。两者结合，生出的孩子就会兼具太阳神和月亮神（即他和她）的特质。因此，这是一个我们称之为雌雄同体的神话。

显而易见，我们都能够变成英雄，只要我们学会支配我们的阴柔和阳刚，即左脑和右脑。迄今，极少有人学着去做这件事情。现实情况是，在我们的成长过程中，大多数人或者强调阳刚却牺牲了阴柔，或者提高了阴柔却又丧失了阳刚。我们学会了用左脑和右脑分别处理问题，却很少融合二者去处理问题。

要实现阳刚和阴柔的一体化是非常痛苦的。神话里，孩子成长过程中的顽强斗争，实现了阳刚与阴柔的整合。倘若我们也能如此，努力学习探索，并用右脑和左脑去处理同样的问题，整合阳刚和阴柔，我们也能成为英雄，解决世界上尚未解决的问题。我们正处在一个渴望英雄，渴望解决一切问题的世界。

诠释的选择

关于如何理解《圣经》的故事，总是仁者见仁，智者见智。人们通常习惯按照字面意思来解释《圣经》。以罗得妻子的故事为例，当上帝准备焚毁罪恶深重的城市所多玛和蛾摩拉时，他允许罗得和他的妻子逃离，条件是不能回头看。罗得的妻子因回头看而变成了一根盐柱。表面看来，这是一个关于惩罚的故事，告诫我们违背上帝意志，会遭遇什么。

近 100 年里，出现了一个“科学”诠释《圣经》的新学派。这个学派对《圣经》中的神奇事件做出了“理性的”解释。比如，他们考察到红海有些地方是非常浅的，而潮汐相合，恰恰是每 100 年左右出现一次，这时候实际上是能够涉水而过的。对于有关罗得妻子的故事，这个学派的解释也是别出心裁，《新牛津圣经》里，将这个故事注释为："一种古老的传统，为了说明在某些地区奇异的盐柱的形成，今天在阿斯丹山或许还能见到这种景象。"

但是，这一解释让我不寒而栗。我为此想了很多，想知道上帝为什么不让罗得和他妻子回头看。回头看错在哪儿？随后我想到，许多人在生活中花费太多时间去回望过去，懊悔不已。如此执迷于过去，将会发生什么？我顿悟到，这样的人实际上变成了活生生的盐柱！我开始明白罗得妻子的故事所隐喻的深层次意义和对人性的深刻探索。

有时我会告诉人们，我生活中最大的幸事之一，就是宗教教育的几乎缺失。我说"几乎"，因为我的确到星期日主日学校去过一天。我很清楚地记得那天的情景。在主日学校，我被要求给图画书里一幅亚伯拉罕献祭以撒的图画上色。或许因为我真的具有成为心理医生的潜质，当时我马上就断定上帝一定疯了，要亚伯拉罕杀他的儿子，而亚伯拉罕也疯了，竟然真想这么做；尤其不可思议的是，以撒一定也疯了，脸上带着虔诚的表情躺在那儿，等待着被剐开。

结果，我哥哥拒绝再去主日学校，以他 12 岁的力量做出了反抗。8 岁的我也顺势躲过了星期日主日学校，这就是我宗教教育的过程。我始终不认为亚伯拉罕献祭以撒的故事对 8 岁大的孩子是适宜的。因为，根据瑞士心理学家吉恩·皮亚杰的心理发展阶段论，那个年龄段的儿童倾向于形象认知或按字面意思去理解，分析和思考能力尚未形成。反之，到了一定的年龄段，讲故事则不太适合，这时恰恰是进行分析和推理教育的绝佳时机。

现在我人过中年，再来看亚伯拉罕献祭以撒的故事，我则体会出深刻的含义。对于我们这些已经为人父母的人来说，我相信这是我们应该学习的最重要故事之一。这个故事或神话告诉我们，总有一天，我们不得不放开自己的孩子。是的，孩子是上天赐予我们的礼物，我们可以保存，但不是永远。超过某个时间限度，于他们，于我们都是弊大于利。我们需要学会如何送回这礼物，把孩子交给上天托管。他们不再属于我们，他们有自己的生命。

第八章

上瘾：神圣的疾病

首先，我必须承认，我是个有瘾的人。我对尼古丁上瘾，几乎不能自拔。我在写文章、演讲时都谈到过自律，而我自己却没有足够的自律去戒烟。

我要指出，毒品及酒精上瘾有多方面的原因。它既具有生物学根源，也具有深刻的社会学根源。不过，我在这里只谈上瘾的心灵因素。

上瘾是一种偶像崇拜。对酗酒者来说，酒瓶就是一个偶像。偶像崇拜有许多不同的形式，一些是非常明显的，比如沉迷赌博、性生活过度和财迷心窍等，都是一种瘾。还有一些是不明显的，比如家庭中的偶像崇拜：无论什么时候，当你觉得取悦父母比什么都更重要时，你就陷入了家庭偶像崇拜。家庭变成了一个偶像，而且经常是最沉重的一个。

因此，从长远来看，了解各种形式的偶像崇拜或上瘾，对我们来说很重要，因为许多上瘾要比吸毒危险得多，比如对权力的成瘾，对安全感的成瘾。

沿着这样一个思路，让我们来单独谈谈毒品成瘾问题。我想，那些成为酒精或毒品的奴隶的人，是渴望重回伊甸园的人。他们比大多数人都更渴望到达乐园，到达天堂，回到家里。他们渴望找回那种失去了的温暖感，还有那种朦胧的天人合一的整体感，那些我们在伊甸园里曾经拥有过的感觉。所以，美国小说家冯内古特的儿子马克，把他那本回忆自己患心理疾病和吸毒经历的书命名为《伊甸园快车》。当然，人不可能返回伊甸园，只能向前穿越痛苦的沙漠。这是唯一一条回家的路，也是一条荆棘密布的路。但是那些成瘾的人，那些非常强烈渴望回家的人，却南辕北辙，走错了路。

我们可以从两个方面来理解这种回家的渴望。一是把它看作对回归的渴望，一种不仅要回到伊甸园，而且要爬回子宫的渴望；二是把它看作一种潜在的对进步的渴望。在这种回家的渴望中，成瘾的人对于精神和更高力量的追求，远比其他人强烈，只是他们混淆了这一旅程的方向。

荣格与匿名戒酒协会

人们都知道，卡尔·荣格在心理学与精神结合方面成绩斐然。但很少有人知道他间接促成了匿名戒酒协会的成立。

20 世纪 20 年代，荣格有一个病人，是一个酗酒者，治疗约一年后仍无好转，最终荣格绝望地对他说："听着，你完全是在我这儿浪费钱财，我不知道怎么帮助你，我无能为力。"那人请求道："没有希望了吗？能给我一点儿建议吗？"荣格说道："我能给你的唯一建议，就是你或许可以皈依一种信仰。我听说，有个别人有信仰之后就停止了喝酒，你可以试试。"

那人听从荣格的建议，真的出去寻找这种信仰了。只要寻找，你就会发现？是的，他发现了它。大约六年以后，他皈依了信仰，并戒了酒。

这事发生后不久，他无意中遇到一个名叫埃贝的老酒友。埃贝说："嘿，去喝一杯！"但是他说："不，我一点也不喝了。"埃贝很吃惊："你什么意思，你完全不喝了？你是个不可救药的酒鬼，就像我一样。"于是那人就向他解释了荣格的建议。

埃贝想，这或许是个好主意，所以他也开始寻找信仰。大约两年时间，他也戒了酒，过上了有意义的生活。

之后不久的一天晚上，埃贝顺便拜访他的一位老酒友比尔。比尔邀他喝几杯，埃贝谢绝了，这回轮到比尔大吃一惊。于是埃贝开始讲述荣格那个病人的故事，以及自己皈依之后如何戒了酒。

比尔认为这是个好主意，他也出去寻找一种信仰的皈依。几周的时间他就戒了酒。不久之后，他在俄亥俄州亚克朗市发起了匿名戒酒协会的首次会议。

大约 20 年后，一切都尘埃落定。比尔给荣格写了一封信说，在匿名戒酒协会组建中，他无意中扮演了重要的角色。荣格给他回了封信，充满了溢美之词。荣格说，他非常高兴比尔写信给他，很高兴获悉他的病人做了件大好事，对自己无意中扮演的角色也很欣慰。但是他说，最令他高兴的是，过去周围没有什么人可以谈论这个问题，现在，机会来了。这个问题就是，在西方语言传统上，酒精和灵魂用了同一个词来表示，这或许不是偶然。这意味着酗酒的问题本质上就是一个精神问题，或许酗酒者比其他人更渴求精神满足，或许酗酒就是一种心理病症，说好听点，是一种心灵状态。

所以，从两个方面去分析成瘾的人对回家的渴望，是正确而理性的。全然漠视成瘾者回归的愿望是错误的，我发现在治疗过程中强调积极方面颇有成效。所以，在治疗成瘾病人时，最有效的方法是关注其进步方面——他们对精神的渴望，而不是强调他们临床表现出的退化症状。

皈依的程序

30 年前，当我做心理实习医生时，心理医生们就已经知道，匿名戒酒协会在治愈酗酒方面取得的效果比心理治疗更好。但是我们却视它为街区酒吧的替代品。我们认为，酗酒者有一种所谓的“口头人格障碍”，他们聚集在匿名戒酒协会，胡聊一气，喝一通咖啡，抽一通香烟，通过这些方式，他们的“口头”需要得到了满足。心理学家轻蔑地宣称，这就是匿名戒酒协会成功之所在。

然而，时至今日，大多数心理医生仍然认为，匿名戒酒协会的方法之所以起作用，是因为它是一种上瘾的替代品。我不否认有这方面的因素。然而，因“替代成瘾”而戒酒，这在匿名戒酒协会治愈的病人中只占5%。匿名戒酒协会起作用的真正原因在于“程序”。为什么这些程序会奏效呢？至少有三个原因。

第一个原因，匿名戒酒协会的“十二步骤法”是目前独一无二的悔改计划，匿名戒酒协会的人称它为“精神的皈依”，因为他们不想让人误以为匿名戒酒协会是一种有组织的宗教。但十二步骤法的核心是“更高的力量”。这些程序实际上就是教导人们，为什么应该继续向前穿过沙漠，走向“更高的力量”。

正因为这是皈依的唯一程序，因此匿名戒酒协会被视作美国今天最成功的“教会”，其他任何教派都会忌妒它的异军突起。该协会的人们表现出了惊人的聪明才智，他们甚至不必为预算和场所而烦恼。事实上，教堂成为他们现成的聚会场所，而主办匿名戒酒协会会议，也已成为公共教堂的重要职责之一。

大约一年前，我在康涅狄格州的一个教堂做演讲，中间休息时，我看了一张布告牌，发现那家教堂每周要举办14次匿名戒酒协会会议。

然而，虽然匿名戒酒协会将教堂作为会议场所，但他们与有组织的宗教是无关的，甚至在涉及程序的“精神”层面，它都非常低调，目的是为了吸引视它为威胁的新成员。许多人感到了它的威胁，不大喜欢皈依，甚至抗拒它。因此，匿名戒酒协会的工作困难重重。

大约 12 年前，一位酗酒者找到我，原因是“匿名戒酒协会不起作用”。据他说，在过去的半年时间里，他每隔一晚就去参加匿名戒酒协会会议。而在前一晚，他都会喝个酩酊大醉。他说他已理解了所有十二步骤法，但不知道为什么不起作用。当他对我说这些时，我有些意外地说：“据我所知，十二步骤法是非常深邃的精神智慧的本体，人们通常需要花上三年、甚至更多时间才会有所领悟。”

他承认我的话有些道理，因为他完全不懂“更高的力量”是指什么。但是他认为，他至少理解了第一步。

我问：“哦，那是什么呢？”

“我开始承认我对酒精无能为力。”

“那是什么意思？”

“我的意思是，我脑子里存在着某种生物化学方面的缺陷。不论何时，只要我喝一点酒，酒精便接管一切，意志全无。所以我必须做到滴酒不沾。”

“那你为什么还要喝呢？”

他陷入了沉默，一脸困惑。

我继续说：“你知道，或许第一步不是你喝了第一口后对酒精无能为力，而是在这之前，你对酒精也是无能为力的。”

他使劲儿摇头：“不对。是否喝第一口，完全取决于我。”

“这可是你说的。但是，你从没这样去做，是吧？”

“这完全取决于我。”他坚持着。

我说：“好吧，那就按你说的去做吧。”

这个人还未能理解十二步骤的第一步，更别提余下的十一步了。

心理重建计划

匿名戒酒协会能够奏效的第二个原因在于，它是一个心理计划。它不仅告诉人们为什么要有信仰，而且还提供了大量关于如何穿过沙漠的建议。在这方面，它提出了两个基本方式。

一个是使用格言和警句。比如，“假戏真做。”“我不太好，你也不太好，不过没关系。”“你唯一能改变的人就是你自己。”“时不再来。”

格言和警句为什么这么重要？讲一个我个人的故事。我的祖父，他不是很机敏，话少但很精练。他会对我说“走一步，做一步”或“不要把所有的鸡蛋放到一个篮子里”。当然，不是所有都是忠告类的，还有一些是安慰性的，如“宁做鸡头，不做凤尾”，或“只干活不玩耍，杰克成了小傻瓜”。

然而，他有时会不断地重复。比如“闪光的不都是金子”这一句，我听过至少有一千次了。但是他爱我。从我八九岁到十三岁期间，每个月我都要穿过曼哈顿岛，和祖父母过周末。这些周末的仪式一成不变。我会在星期六上午到那儿，及时地赶上祖父母为我准备的午餐。午饭后——那时没有电视——祖父会带我去看两场连映电影，并一直跟我坐在一起。那就是他的爱。

在看电影的路上，祖父的格言警句常灌于耳，而它们所传达的智慧让后来的我受益匪浅。

十几年以后，当我在做心理实习医生时，一个 15 岁的男孩来找我治疗。他因学习成绩差而郁郁寡欢。交谈中，他给我的印象有些沉闷。我想，或许他成绩差是因为他笨。心理医生有一种智能评价方式，我们称之为“心理状态测试”，其中一个内容就是让病人解释谚语。我问他：“为什么人们说，‘住在玻璃房子里的人不该扔石头’？”

他立刻答道：“如果你住在一个玻璃房子里，而你又丢石头，你的房子将会被打破。”

“但是大多数人不是真的住在玻璃房子里。你如何用这句话解释人们之间的关系？”

“我不知道。”

我再试一次。“为什么人们说，‘不要为打翻了的牛奶而哭泣’？”

他说：“如果打翻了牛奶，我会抱一只猫过来舔干净。”

这似乎有点想象力，但没有解释出它所表达的寓意。我决定把他转给一个心理学家进行更精确的测试。业界知名的资深女专家为他做了测试，报告显示，那男孩智商达 105。我很是吃惊。虽不算太高，却在平均值以上，对预习学校来说是有些偏低，那也许能解释他成绩差的部分原因。在我看来，他的智商也就在 85 左右。于是我打电话给女专家，表示质疑，因为他在谚语方面做得很差。“噢，我们不担心那个。”她说，“现在没有多少年轻人知道那些古老的谚语了。”

我经常想，如果我们的公共学校能够实施一些心理健康教育计划，这些谚语也许就能保存下来。但是我知道，我们很难成功，因为人们抗拒它。在我们国家，有一股反对心理健康的力量，他们杞人忧天，担心世俗人文主义和心理学运动会带来不好的影响。那么，他们应该不会拒绝在学校里教授孩子古老谚语吧，他们会同意吗？所以，我希望有人能够开始着手这样一个计划，并很快得以实施，为了像我祖父常说的那样：“及时的一针胜过事后的九针。”

世俗的精神疗法

匿名戒酒协会通过使用谚语取得了很好的效果。除此之外，它还有另一个有效的机制：保证人制度。当你加入匿名戒酒协会或学习十二步骤法，你需要确定一个保证人，一个真正业余的心理治疗医生。

如果你觉得自己需要心理治疗而又无力支付费用，那么你可以试试，假装你是个酗酒者，到匿名戒酒协会去，再给自己找个保证人。实际上有些人就是这么干的。我从不假装，所以我也不建议你这么做。实际上，你不必假装，在你家族中肯定会有一个酗酒的亲戚。

我不是说，匿名戒酒协会里的保证人都是很专业的心理医生。在某种程度上，他们并不怎么样。有些病人，就是在那里花了几年时间之后又来找我的，觉得我作为一个心理医生，也许能额外给他们点建议，一些他们从保证人那儿得不到的东西。在试着给他们一点点额外的推动的同时，我从他们那儿也学到了很多东西。

在十二步骤法里，有一些传统的东西是非常好的，胜过保证人。不过在这个问题上，我更相信保证人制度优于传统的治疗。大大方方地去跟你的保证人说："我真的感谢三年来你给我的帮助，但是现在，我想我已经准备找个更有经验的保证人。"而保证人可能会说："我完全同意你的说法，很高兴我能够帮助你，并看到你能有这么大的进展。"不过，没有几个心理医生会心平气和地面对比他们更成熟的病人。

公共计划

我们说匿名戒酒协会有效，是因为它是一种精神转换的步骤，告诉人们为什么他们必须向前穿过那沙漠；另外，还因为它是一个心理学计划，借助格言和保证人，教给人们许多关于如何向前穿过沙漠的方法。匿名戒酒协会有效的第三个原因是，它告诉人们，他们不必独自一人孤独地向前穿过沙漠。这是一个公共的计划。

过去几年里，我几乎放弃了心理治疗和研究，同其他人一道致力于“公共鼓励基金会”的创立。我的书《不一样的鼓声》说的就是这方面的事情。在书里我指出，共同体的出现是人们为应对危机所做出的反应。它就像是守候在特护室外的一群陌生人，能够迅速分享彼此深深的恐惧和喜悦，因为他们都有亲人被列上了病危名单。1985 年墨西哥城大地震，4000 多人遇难。地震发生几个小时后，平时那些以自我为中心的、衣食无忧的青少年和穷苦工人并肩合作，夜以继日地奉献着他们的爱。

唯一的问题是，一旦危机过去，共同体也就不复存在了。其结果是，数百万人都在为这一损失而哀伤。我可以保证，这个星期四或星期六晚上，将有数万老人在美国海外退伍军人俱乐部和美军俱乐部里喝得烂醉如泥，哀悼“二战”时那些难忘的日子。他们牢记着那些日子，带着深深的怀念。尽管那时他们又冷又湿又危险，但他们感受到了集体的关爱及生活的特殊意义，那是他们此后再也无法重温的。

酗酒者的福分

参加匿名戒酒协会的酗酒者，都是有福分和天赋的人。

酗酒本身就是一种福分。因为酗酒虽是一种能明显带给人伤害的疾病，但是，相比于非酗酒者，酗酒者不一定受到更多的伤害。每个人都有自己的悲伤和恐惧，只是有时我们可能没意识到。每个人都有难题，只是酗酒者不加以掩饰，而大多数人则把它藏匿在平静面具的背后，他们不能敞开心扉讨论那些最重要的事情，不愿谈论内心的痛苦和哀愁。而参加匿名戒酒协会，则可以谈论自己受到的伤害，从而使身心得到放松。所以，酗酒是福分。

匿名戒酒协会中酗酒者的天赋表现在，他们谈到自己时，只说自己是正在康复的酗酒者，而没有说是“已经康复的酗酒者”，或“曾经的酗酒者”。“正在康复”这个表述，能使他们不断提醒自己，康复的过程正在进行中，危机还在。由于危机还在，共同体也还在。

在我组建“公共鼓励基金”的过程中，最麻烦的问题之一，就是要努力向人们解释它是什么东西。只有正接受十二步骤法治疗的人才能够理解它。因为对他们我可以说，组建“公共鼓励基金”，是让人们在没有成为酗酒者、没有陷入危机之前就融入公众之中。它表达了一个信息：我们所有人都处在危机之中。

早一点面对危机

人们总是回避痛苦，总是对心理健康持非常奇怪的态度。美国人通常认为，心理健康的标志就是没有危机感。然而，这根本不是心理健康的特征！心理健康的特征应该是具备尽早面对危机的能力。

如今，“危机”一词变得非常时尚。比如，我们都在谈论中年危机。但早在这个词出现前，我们也提到过女人的中年危机，即更年期。许多妇女，当她们到了 50 岁并且停止月经后，就可能在精神上陷于崩溃。但是说来奇怪，这种情况不是在所有女人身上发生。我可以告诉你为什么。

一个心理健康的女人，不会在 50 岁时突然觉得自己遭遇了更严重的更年期危机。因为一直以来，她应对过许许多多的危机。例如，26 岁时，某天早上起来，她从镜子里看到自己眼角开始有了鱼尾纹，这时她可能会想：“你知道，我想好莱坞的导演大概不会来找我了。”而 10 年后，当她 36 岁时，她最小的孩子上了幼儿园。她又对自己说：“你知道，或许我该花点心思在自己身上，不要再只顾着孩子了。”这样的女人到了 50 岁，月经结束时，她将顺利地度过这一阶段。除了有一点潮热感外，她绝对不会有更多麻烦，因为早在 20 年前，她心理上就遭遇了自己的“更年期”。

而那些陷入麻烦的女人，都是紧紧抓住幻想不放、相信好莱坞经纪人某一天会突然出现的人，她们都是对自我以外的世界没有任何兴趣的人。当她进入 50 岁，月经停止了，无论什么化妆品都掩饰不了脸上的皱纹，留给她的只是一个空荡荡的家，一种空荡荡的生活。她不崩溃才怪呢!

不过，我不想老生常谈，只谈女人和更年期。实际上，男人的中年危机也一样严重。不久前，我就度过了自己的第三次中年危机，而且这一次，是我自 15 岁以来遭遇的最严重的打击，深深地伤害了我。我只想说明，不管是对于男人还是女人，判定其心理是否健康，都不在于我们有多少避免危机的办法，而在于我们是否能够早一些面对危机，并且向下一个危机挺进。换句话说，判断心理是否健康，要看我们一生当中究竟能应对多少危机。

有一种罕见的毁灭性心理疾病，困扰着大约 1%的人。这种病迫使人们去追求过一种戏剧化的生活，希望生活时时充满激动。但是，另一种更具毁灭性的心理疾病困扰着至少 95%的美国人，这就是，我们的生活太缺少戏剧性，每天醒来，我们面对的都是柴米油盐，日复一日地混沌度日，对生命的本质毫无觉悟。

这里涉及“信仰者”的德性。其他人只不过是在经历生活中的起起伏伏，而“信仰者”却要遭遇“精神危机”。要知道，遭遇“精神危机”比遭遇抑郁要“有尊严”得多。实际上，一旦你承认自己遭遇的是一次“精神危机”，那么你可能很快地度过抑郁。我深信不疑的是，需要对我们的文化做出一些改变，赋予危机以应有的“尊严”，包括各种类型的抑郁及各种存在式的痛苦。恰恰是这些痛苦和危机，使我们的心灵得以成长。

匿名戒酒协会的那些人，总是处在康复的过程之中，与不间断的危机相伴，并且互相帮助，共同应对不断来临的危机。这就是共同体的作用。

在希腊的街巷，你会看到人们围坐在一起，谈论着稀奇古怪、毫无意义的话题，如某一个人在树上吊死了，遭到了惩罚之类。但值得注意的是人们的交谈方式，这些人你一言我一语，一起哭泣，一起欢笑，互相感动，互相影响，乃至陌生的路人都被他们所吸引。它仿佛是爱的芬芳，飘向街巷深处，吸引人们涌向这里，就像蜜蜂飞向花儿。有人甚至这样表示：“我还不太理解这种东西，但我希望加入进来。”

在最单调的旅馆房间里，我们开始筹建我们的共同体。这时，销售员和酒吧女招待都过来说：“我不知道你们在这儿做什么，但是我 3 点下班——我能加入你们吗？”于是我明白了，共同体是如何发挥作用的。

1935 年 6 月 10 日，俄亥俄州亚克朗市，比尔和鲍伯医生召集了第一次匿名戒酒协会会议。我相信，这是 20 世纪最伟大、最具积极意义的一个事件。它不仅标志着自助运动、科学与精神的融合，开始在草根阶层中出现，而且标志着公众运动的开始。

这就是我把“成瘾”称为“神圣的疾病”的原因之一。当我同匿名戒酒协会的朋友们聚在一起时，我们经常会这样推断：上苍故意创造了酗酒这种病症，为的是创造出酗酒者，为的是让这些酗酒者创造出匿名戒酒协会，从而为公众运动凿山开路。这不仅仅是酗酒者和成瘾者的救星，也是我们所有人的救星。

寻找自己的归宿

第三部分

只要我们能够战胜自恋，

就能够克服对死亡的恐惧。

Further Along
the Road Less Traveled

丨第九章

“未知死，安知生”

美国诗人桑德伯格写过一首题为《特快列车》的诗：

我乘上一辆特快列车，
这国家最棒的火车之一。
火车载着十五节车厢里的上千人，
飞驰过草原，驶入蓝色的雾霭和深色的气氲。
（所有的车厢都将锈蚀成废铁；
所有在餐车和卧铺车厢里谈笑的男人女人都将化为灰烬。）
我问一个正在吸烟的男人要去哪儿？
他回答说：“奥马哈。”

不知你是否猜到，这是一首关于死亡的诗，是对于死亡这个长期被我们忽视的主题的简要总结。人生有限，我们所有人都会走向死亡。作为成长最重要的一步，我们必须承认这样一个事实，即每个人都将走向死亡，我们都将锈蚀，变成废铁、灰烬。

生命的有限让许多人产生了虚无的感觉。既然我们都会像稻草一样被砍倒，生存对我们来说又有什么意义？就算我们的生命通过孩子得以延续，但是人生代代无穷已，我们的名字很快就会被人忘记。

雪莱著名的诗歌《奥西曼德斯》，描述了沙漠中一座巨大雕像的遗迹。雕像的基座上刻着：

> 我的名字是奥西曼德斯，万王之王：
> 瞧我的作品，强大而绝伦！

但这尊巨大的雕像，保留下来的只有一个基座，没有人能够记得主人是谁。

所以，即使你是为数不多的几个想要在历史上留下印记的人，随着时间的流逝，就连那些印记也会消失。

莎士比亚的悲剧《麦克白》叹道："生活只是一个移动的阴影，它是一个白痴讲述的故事，充满了喧闹和狂暴，全无意义。"

对死亡的恐惧

这么说对吗？生命全无意义——即使有，死亡也会将它的意义全部抹去？所有一切都将随风而去？

我不这样认为。我相信死亡的意义与我们想象的恰好相反。死亡不是掠夺者，而更像是给予者。

死亡让我更强烈地感受到了生命的意义。如果你感觉生命无意义或无聊，我能给你的最好建议，莫过于要你立即与死亡建立起特别关系。像所有伟大的爱一样，死亡充满了神秘，能够激发人的激情。在你与神秘的死亡进行斗争时，你将发现生命的意义。

当然，多数人并没兴趣与自己的死亡念头进行斗争。他们甚至不想正视死亡。他们想把它从意识里排除，这些人的意识因此而受到限制。所以，桑德伯格那首题为《特快列车》的诗，其实是一语双关，既在感慨火车这个钢铁巨人的脆弱，同时也在感叹生命的有限。那个说将要去奥马哈的人，在他的意识中，最终的目的地就是“死亡”。

但是，你也会发现那些没有受到太多限制的人——像许多伟大的作家和思想家——他们对死亡都有着清醒而客观的认识。

阿尔伯特·施韦泽就曾写道：

> 如果我们想成长为真正的好人，我们必须要了解死亡。我们不必每天或每小时都想着它，但是当生活之路把我们带到一个新的制高点时，我们周围的景物逐渐消失，我们凝视着远方直到天边。这时，不要闭上眼睛，让我们的思绪暂时静止下来，眺望远方。然后，继续思想。以这样一种方式去思考死亡，就会使你增添一份对生命的爱。了解死亡之后，我们就像接受一件礼物一样去迎接每一天、每一个星期。一旦我们能够这样接受生命，慢慢地，生命就变得弥足珍贵了。

但是，多数人都不能这样看待死亡。根据我的心理治疗经验，这样的人约占一半。经常地，我不得不努力让病人去正视死亡这个现实。确实，他们不愿意去正视，这似乎是他们患上心理疾病的原因。与此同时，他们感觉自己的生活乏味而令人恐惧。他们不去看望住院的朋友，读报也一定会跳过讣告版。夜晚，他们常常会大汗淋漓地从噩梦中惊醒。除非我能让他们打破这些强加给自己的限制，否则，他们就不可能痊愈。我们只有正视死亡，才能够变得勇敢和自信。要是世界上没有一件我们愿意为之牺牲生命的事，我们的生命就不完整。

这种对人的意识的限制有时能够使人变得脆弱。几年前，一个人来找我看病。这个病人的内弟用手枪击中头部自尽，此后，他大概有三天都处于惊恐之中。他非常害怕，甚至不敢单独到我办公室来。那天，是他妻子拉着他的手一起来的。坐下后，他就没完没了地说："你知道，我内弟，他朝自己脑袋开枪。我是说他有一把枪，我意思是所有的事情都是因为这个，我意思是仅仅一点点压力，他就死了。我是说所有都是它干的。要是我有一把枪，我是说我没有枪，但是……要是我有一把枪我想杀了我自己，我是说所有将发生——我意思是我不想自杀，但我的意思是——它所有的——就是这么多。"

很显然，令他恐惧的不是内弟的死，而是该事件将他推到了必须面对自己的死亡这样一个现实面前。害怕死亡，才是他恐惧的根源。我就这样照直对他说了。

他立刻反驳我："噢，我不怕死！"

这时，他妻子打断他："唉，亲爱的，或许你该跟大夫说说那灵车和殡仪馆。"

于是他继续对我解释，他有过对灵车和殡仪馆的恐惧症。甚至到了这样的程度：他每天上下班都要多走6个街区，仅仅是为了绕过殡仪馆。此外，无论什么时候有灵车经过，他要么转身，要么躲进门道里，或者干脆躲进商场。

"你真的对死亡很恐惧。"我说。但是，他继续否认："不，不，不，我不怕死。只是那些该死的灵车和殡仪馆叫我心烦！"

从心理动力学角度讲，恐惧症通常起因于一种被称为"移位"的心理机制。这个人如此害怕死亡，以致都不能面对自己对死亡的恐惧，最终将它移位到灵车和殡仪馆这两个物体上。

由于我总拿心理病人举例，你或许认为他们比大多数人更胆小、更易恐惧，其实不是这样。那些来做心理治疗的人是我们中间最聪明、最勇敢的人。每个人都有问题，但是很多人经常对自己的问题视若无睹，或避而远之，或喝醉了事，或以其他的方式漠视它。只有更聪明、更勇敢的那些人，才敢于走进心理医生的办公室，接受自我检验。要做到这一点，非常不易。

事实上，我们生活在一个胆怯的、否认死亡的文化中。一位同事曾告诉我，在她生活的小镇上，在一个高中学生死于白血病，另一个学生死于交通事故后，所有三四年级的学生都请求校长开一门选修课，一门关于生与死的课程。一位牧师甚至主动提出筹备这门课，并找来免费上课的老师。

但是，按照学校规定，设置新的课程要得到校董事会的批准。结果，这项请求以九比一的表决被否决了，理由是这一请求是病态的。随后，有三四十人写信给报纸，抗议校董事会的决定。报纸编辑就这一话题写了一篇社论。各方的呼吁和压力迫使学校董事会重新考虑他们的决定。结果投票时，再一次以九比一否决了这门课程。

如我的同事所讲，那些给报纸写信的人，那个发表社论的编辑，那个在董事会里投赞同票的人，所有这些人要么是正在接受治疗，要么是曾经接受过心理治疗。我认为，这不是巧合。如我所说，接受心理治疗的病人非但不比一般人胆小，有时反而更勇敢。

生命可以预期

在否认死亡的文化里，死亡被看作“意外”，似乎我们完全有能力避免这个“意外”。实际上，生命的本质就是不断改变、成长、衰退和死亡的过程。选择了生命与成长，也就选择了死亡。由于我们如此害怕死亡，害怕近距离面对它，以致我们无法像自己希望的那样鼓起勇气。

把死亡看作没有任何先兆和原因的意外，这是完全错误的。实际上，我们大多数人对死亡都有预感。这么说似乎令你震惊，但这是事实。

大约 30 年前，当心脏手术第一次进入临床时，它比现在危险得多。那么，哪些病人最适合做这种手术呢？最终做出决定的，不是心脏外科医生，不是心脏病学家，而是心理医生。在一项研究中，心理医生在术前访问了一群病人，并根据他们的回答，按风险程度将其分成高、中、低三组。在低风险组里，他们发现这些人谈到自己的心脏手术时会说：“你知道，安排在星期五了，对此我真的怕得不行了。但是在过去的八年里，我不能够做任何事。我不能去打高尔夫球，我呼吸一直困难，我的医生告诉我，如果我熬过了手术和术后阶段，六周以后我就会像好人一样了，就能够打高尔夫球了。嗨，那是9月1号，我已经安排好我的高尔夫球时间了，我将在早上8点到那儿，草地上依然会有露水呢。我已经想好怎么打每一杆了。”

在高风险组，一位妇女谈及她的手术时说：“嗯，关于什么？”心理医生就提醒她说：“你为什么要做手术啊，为什么你需要手术呢？”她会回答：“我的医生告诉我的。”

“手术以后你想干些什么吗？”

“我没想过这问题。”

“过去八年里，你呼吸那么困难，都不能去购物。你不盼望又能去采购吗？”

“噢，天哪，不。这么些年以来，我已害怕得不敢开车了。”

如果我没记错的话，通过这项试验后发现，高风险组里40%的病人死去了，低风险组里只有2%的病人死去。同样的心脏病，同样的心脏外科医生，同样的心脏手术，死亡率差别却这么大。而这些，心理医生在术前就已经预料到了。

另一项令人吃惊的研究结果是由斯坦福大学的心理医生戴维·西格尔指导进行的。他研究了两组患有癌症的妇女。第一组给予标准的药物治疗；第二组除接受标准的药物治疗外，还额外增加了心理疗法。不出意料，第二组病人的焦虑、抑郁和痛苦明显要少一些。虽然有三个病人最终死去，但通过这项研究，西格尔意识到，配合心理疗法的那些病人的存活期要比其他组的人长两倍。

心理转变的奇迹

长期以来，医生们都知道，癌症自然消失的病例是罕见的。你一定听说过这样的例子：医生给一个病人动手术，他们打开病人的身体，发现体内布满了癌细胞，医生什么也做不了。这种癌症已无法做手术。他们唯一能做的就是再把他缝上，并断定病人顶多能够再活六个月。但是 5 年、10 年过去了，那人依然活着，没有癌症的迹象。

你或许会想，医生们肯定会对这样稀有的病例表现出极大的兴趣，会很仔细地研究和调查，但他们没有。长期以来，医生们都坚持认为这样的事情是不可能的，仅仅是在最近 15 年里，才有人对此着手进行研究。现在要想得出结论仍然太早，在统计学上没有什么意义。不过，有一些迹象还是应引起关注，即所有这些罕见的病例都存在某种相似性，其中之一就是，这些病人都有一种强烈要求改变自己生活的倾向。一旦他们被告知还剩下一年时间，他们就会对自己说："如果我想在来日无多的日子里仍然为 IBM 工作，那真是该死。我想做的只是整修家具，那是我一直以来都想做的事情。"或者是："如果我仅仅有一年可活了，而我还想同我那个自命不凡的老丈夫度过这一段时光，那才是岂有此理！”所以，在他们做出决定要改变自己的生活之后，他们的癌症消失了。

这一现象激起了加利福尼亚大学一些研究人员的极大兴趣，他们决定做进一步的研究，确定心理治疗是否真能改变一个人的生活态度。首先，他们需要找到自愿接受试验的病人。典型的做法是，心理医生走到一个被诊断患晚期癌症、不能再施行手术治疗的病人面前，对他说：“我们有理由相信，如果你愿意参与心理治疗，正视你的生命，做出一些重要的改变，你就可能延长自己的生命。”

一开始，病人可能会大喜过望：“噢，医生，医生，你是第一个带给我希望的人！”

于是心理医生说：“有一组跟你一样的病人明早 10 点将和我们在 4 号房间会面，你愿意一起来谈谈吗？”

“是的，医生，我会去的。”

但是第二天早上 10 点，那个病人没有出现。心理医生问病人是怎么回事，病人说：“对不起，我有点儿搞忘了。”

“那你还有兴趣吗？”

“噢，是的，医生。”

“明天下午 3 点，在 4 号房间我们还有一次会面，你有空吗？”

“噢，是的，我会去的。”

可那病人再一次爽约了。心理医生又试了一次，最后只能说：“或许你真的不喜欢心理疗法。”

病人最终承认："你知道，医生，我一直在想这事，我像老狗，不能再学新花样了。"

责备是没有必要的。我们是变成了老狗，有时太疲倦，以致不能学习新花样了。对此，医生也是有责任的。我遇到过一些受过良好教育的医生，他们也相信疾病只有一个原因——不是心理的，就是生理的。他们无法想象疾病就像一棵大树的树干，有两个甚至更多的树根。

事实上，差不多所有的疾病都是心理、心灵、社会、生理等综合因素的结果。当然也有例外，例如，先天性疾病或大脑瘫痪。但是即使在这样的病例里，活下去的"意愿"也能够有效地延长生命，提高生命的质量。

事实却总是相反，也很不幸。我在日本冲绳的时候，被叫去治疗一个 19 岁的女孩，一个剧烈呕吐的孕妇——孕期过度呕吐。我了解到她在东海岸长大，对母亲有一种病态的依恋。17 岁时她被送到西海岸，同叔叔生活在一起，从那时起她就开始呕吐了，而那时她并没有怀孕。她呕吐得如此厉害，以致不得不把她送回东海岸。回去后她生活得快乐而健康，直到她同一个士兵怀了孩子，那士兵娶了她并把她带到了冲绳岛。几乎是一下飞机她就吐了起来，没几天就进医院了。

如果病人实在病得严重，我有权力叫直升机把他们送回家去。我知道如果我把这个病人送回家去，她的呕吐会立刻停止。我也知道，要想确定每次她与母亲分开就会呕吐的病因，大概也是没希望了。

再三考虑之后，我决定不送她回家。我对她说："你已经长大了，知道与妈妈分开后如何生活了。"她好转后，被允许离开了医院。但是过后不久，病情又严重发作并回到了医院。她又呕吐起来，我再次告诉她，我不会送她回家。她又再次好转出院了。然而两天后，她在公寓里突然坠楼身亡。她只有 19 岁，怀孕 4 个月。尸检结果根本找不到死因。当然，我对自己的决定深深地懊悔。但不管怎样，我有我的信念，即在她的生活里，她做出的是一个拒绝长大的决定，我不能让她停留在儿童阶段而不承担责任。所以，她死了。

身病与心病

在医学院读书时，我们把精神分裂症、躁狂、抑郁和酗酒等都称为"官能"疾病。这表明我们承认，或许某一天研究人员会发现，这些病都是神经解剖学中的某些缺陷或生理上存在的问题。但这样却忽视了这些病症都有其心理的原因。作为心理医生，我们可以把这些病人的心理特点全部勾画出来。

最近 30 年来，人们更多强调的是，所有这些心理疾病都有其深刻的生理根源，甚至主要跟生物学有关。实际上，我们今天正在面对的问题之一，就是心理医生对生物化学变得如此迷恋，以至于忘记了所有传统心理学的智慧——其中一些智慧被证明是非常正确的。比如精神分裂症，就不仅仅是生理方面的病症，它也是心理、心灵、社会、生理等因素的综合体现。癌症也是如此。

早在几个世纪前，人类就认识到，我们的病痛同时具有生理和心理双重因素。心理医生所说的“器官语言”，就反映了这种将生理和心理综合考虑的智慧。例如，“他叫我头痛”，意思是心理的因素传达到了生理上；“我紧张得肚子痛”，或“我的心碎了”，意思是心灵之痛引起了生理之痛。许多半夜到急诊室的人都声称“胸痛”，不管有没有心脏病，这恰恰是在他们经受了某种“心碎”的事情之后。

脊椎问题其实与勇气有关。这再一次在我们的语言里反映出来。我们说：“他是一个软骨头”，“他没有骨气（他没有脊椎）”，“伙计，她真的有骨气（她真的得到脊椎了）”，“她太有勇气了（她得到许多脊椎）”。生活中大部分时间我都得忍受背痛之苦，特别是一种叫作“脊椎增生”的病症，颈椎部分尤其严重。从我的颈椎 X 光片看，你会认为我都有 200 岁了。当我第一次被诊断患有这种病症时，我曾问神经外科医生和骨科医生：“是什么搞得我的颈椎看上去这么老？”他们会说：“嗯，可能是你小时候脖子受过伤。”

我的脖子从未受过伤。但是当我告诉他们这一点时，他们只能回答：“既然这样，我们真的不知道是什么原因了。”对这样的回答，我已很满意，因为很少有医生肯说这么多，而只是泛泛回答：“不知道。”

实际上，我对自己脊椎增生的原因还是比较清楚的。大约13年前，病痛几乎使我处于崩溃的边缘，我接受了长时间的神经外科治疗。那时我就自问："斯科特，如果你不想经受隔几年就会有一次的危险手术，那么，现在你就应该搞清自己的心理在疾病中扮演了什么角色。"

一旦我愿意问自己这些问题，我就立刻意识到自己是有责任的。我意识到多数情况下，自己在执业时总是战战兢兢，唯恐树立不必要的敌人。换句话说，就是我缺少一点点勇气。我总是缩着肩膀，就像一个橄榄球队员准备低头冲过"匹兹堡铁人队"的后卫线。试想一下，让你的头和脖子保持那种姿态30年，你一定会知道是什么造成脊椎增生了。

当然，事情并不都那么简单，大多数疾病都由多重原因造成。比如，我的父亲、母亲和兄弟都患有不同程度的脊椎增生，只是不像我这么严重，尽管他们绝不是典型的逆来顺受的人。所以，我的病症显然还有其生物学成因——基因的或遗传的因素。请记住我的观点，几乎所有的病症都不仅仅是生理和心理的，而是心理、心灵、社会、生理等因素综合作用的结果。

我不是这方面首开先河的人，关于身体与意识之间的关系已经多有论述。现在，人们越来越多地发现了疾病与生理和心理因素的关系，以至于有些人在获悉自己患病后，竟然会有一种负罪感。当然，你不必每次都因为着凉或感冒而责怪自己，认为是自己的过错。但是如果患上了某种严重疾病或慢性疾病，认真审视自己则是必要的。问问自己，是否在这场疾病里扮演了什么角色。

不过即使你自我检讨，也不要对自己太苛责了。在某种意义上，生活就意味着压力和紧张，它使我们筋疲力尽。要清醒地认识到，或早或晚，我们都会死于这种或那种该死的身体及精神的综合病症。

理解死亡

在认识死亡真实特性的道路上，一个里程碑式的事件就是《论死亡与濒临死亡》一书的出版，作者是医学博士伊丽莎白·库伯勒。在此之前，死亡都是神职人员的专属领域。医生感兴趣的只是治病救人，死亡则留给了殡葬人员。但是，库伯勒竟然敢于同那些将要死去的人们谈话，敢于问他们对即将发生的死亡感觉到了什么。约 10 年以后，美国许多地方都开设了关于死亡和濒死的课程，并促进了临终关怀院的建立——这是一个全新的机构，一个人们明知要走向死亡的地方。库伯勒引起了多米诺效应。

她的著作的出版，引起了一波相关话题书籍的出现。其中有雷蒙德·穆迪的《死亡回忆》；卡里斯·奥西斯和厄兰德·哈拉德桑合写的《死亡时刻》，他们在书中描述了人在死亡时刻和濒临死亡时的经历。他们的发现具有令人吃惊的一致性。雷蒙德·穆迪是一位科学家兼心理医生，他记录了那些有濒死经历的人讲述的一些现象。首先，他们看到（像是从天花板上）自己的身体躺在一张床上，然后，又看到医生和护士们正在对他们做什么。接下来，他们看到了人生中最惊恐的一幕——类似于穿过黑暗隧道之类的感觉。他们迅速地穿过隧道，走出来时，面前出现了一道光，这被认为是上帝或耶稣之光。这道光要求他们回溯自己的人生。在这一过程当中，他们大多都意识到自己的生活原来是如此的混乱不堪。不过，那道光非常的宽容，充满爱怜，指引他们回到生活中去。他们服从了。

按照穆迪的说法，有过这样经历的人先前都不太相信轮回，但是后来，他们都相信了。他们开始相信人死之后将进入另一个世界，并且大大减少了对死亡的惧怕。

这真是很有趣。当我们越来越近地走向死亡，死亡带给我们的恐惧，居然比我们想象的少得多。当然，你多少都会觉得不舒服。你或许会说："我们活着，究竟是为了什么？面对生命的有限和短暂，其意义又是什么？"

如果你提出这样的问题，我可以肯定地说，那恰恰是因为你清楚地知道，你的存在是有限的，而且你正在寻找它的意义。设想一下，寻找生命意义本身就是有意义的，它是人生游戏的一部分，是我们为什么活在世界上的原因之一。我们能在这一刻去寻找吗？如果答案是肯定的，那么死亡就在推动这样的寻找。

我曾努力寻找着生命的意义，最终我找到了自己要找的东西。它非常简单，我们来到这个世界就是为了学习的。发生在我们身上的每一件事情都有助于我们的学习，但没有任何东西比我们从死亡那儿学到的更多。

我也由此得出结论，我们已经拥有一个理想的学习环境。哪怕任由你想象，也找不到一个比你现在的生活更理想的学习环境。在我情绪低落的时候，生活对我而言似乎就是一个新兵训练营，跑道上充满了障碍，犹如魔鬼一般，这恰恰是为我们的学习而设计的。我认为，历数生活中出现的所有障碍，最大的魔鬼就是性障碍。在现实中，死亡是我们性行为的必然结果。

低级生物群的特点是无性繁殖。它们只是简单地克隆，把它们的基因一代一代地延续下去。理论上讲，除非有人把它们挤扁压碎，否则它们是不会经历诸如变老或自然死亡这样的事情的。只有进化成高级动物后，才会出现有性繁殖，才会出现变老和自然死亡这样的现象。可以说，世界上没有免费的午餐！

当我们被设定了一个最后期限时，我们能够学得最好。说得多么精辟呀！我在进行精神治疗时，经常会把病人们分成若干小组，并给他们设定最后期限，这很奏效。当小组成员们似乎一点都不珍惜时间时，我会对他们说："好的，伙计们，这个小组仅有半年的存活时间了。半年以后，我将解散这个小组，你们在这里只剩半年了。"令人吃惊的是，一旦你给他们设定一个最后期限，那些整天无所事事的人们，便会迅速地行动起来。

在单独治疗时，设定最后期限也同样能够有效。病人和医生之间良好关系的结束，有时也可以理解为某种形式的"死亡”。这一“死亡”期限，给了病人一个倍加珍惜的机会，一个多数人可能从来没有得到的机会，进而推动他积极治疗。

死与生的不同阶段

伊丽莎白·库伯勒发现，人在濒死时会经历一些特定阶段——它们的顺序是这样的：

否认→愤怒→商讨→抑郁→接受

第一阶段：否认。他们会否认说：“化验室肯定把我的检查结果和其他人的弄混了。它不可能是我的，它不可能发生在我身上。”但是，这种否认不会起太长时间作用。于是便进入第二阶段：愤怒。他们会对医生愤怒，对护士愤怒，对医院愤怒，对亲戚愤怒，对上天愤怒。当愤怒没有起到作用时，他们便进入第三阶段：商讨，或讨价还价。他们会说：“没准我回到教堂开始重新祈祷，我的癌症就会消失掉。”或者说：“没准我改变一下，对我的孩子们更好一些，我的肾病就会好转。”当这些也没有产生效果时，他们便开始意识到一切都完了，自己真的将要死去了。在这时，他们就会变得抑郁起来，进入第四阶段。

这时，如果他们能够不气馁地坚持下去，与抑郁进行抗争，那么他们就能够走出抑郁，进入第五阶段：接受。这是一种了不起的心灵上的宁静，是天堂之光。坦然接受死亡的人，心中都有一道光。他们仿佛已经死去，而在心灵和精神上又感觉复活了。他们看到的是一个美丽的世界。

然而，要想达到这一境界并不容易。多数人都未能在这美丽的第五阶段里死去，而是在否认中死去，在愤怒中死去，在讨价还价中死去，在抑郁中死去。其原因是，摆脱抑郁是如此痛苦和艰难，以致当他们刚一触及这一问题就退却了，退回到否认、愤怒、商讨阶段。

库伯勒当时绝对没有意识到，她的这种划分也同样适用心理和精神的成长过程。也就是说，每当我们在心智成熟的道路上迈出重要一步，每当我们在穿越人生沙漠之旅的征途上出现巨大跨越，每当我们在自我改善的过程中取得重要进展，我们都经历了否认、愤怒、商讨、抑郁和接受的全过程。

比如，我的性格中存在一个明显的缺点，我的朋友开始对我提出批评。我的第一反应是什么呢？我会对自己说："他不过是今天早上情绪不好。"或者说："他一定是在跟老婆生气，不是针对我来的。"这就是——否认。

如果他继续批评我，那么我可能会说："谁给你权力来干涉我的事情？你不知道我的境遇。你为什么不去管好你自己那些该死的事情！"我很可能会对他说这些话。这就是——愤怒。

但如果他真的爱护我，就会继续批评我。然后我就开始想："哇，我忘了，我最近没有夸夸他的工作是多么出色了！"我于是走过去拍拍他的肩，使劲对他笑，希望这样会使他闭上嘴巴。这就是——商讨。

但如果他真是发自内心地爱护我，就会继续批评我。这时，我或许会想：“他说得对吗？伟大的斯科特·派克可能会有什么错吗？”要是我的回答是肯定的，那么就会抑郁。但是，如果我能够继续这样想下去，承认自己真的有什么东西做错了，并且开始想知道自己错在哪儿；如果我能够仔细思考它，分析它，找出它，辨别它，然后我就能够着手改掉它，并净化我自己。完成这一系列走出抑郁的努力之后，我将成为一个新人，一个复活了的人，一个更好的人。

学习死亡

关于这个话题，可能没有新意。在《少有人走的路：心智成熟的旅程》一书里，我援引大约两千年前，古罗马著名哲学家塞内加说过的话：“在一个人的一生中，你必须不断地学习如何去生存，而使你更惊奇的是，在整个的生命里，一个人还必须学习死亡。”把学习如何去生存和学习死亡相提并论！为了学习如何去生存，我们必须与死亡达成协议，因为死亡会提醒我们存在的有限性，这样我们就能意识到我们时间的短促，以便充分地利用我们的时间。

在卡洛斯·卡斯塔尼达的书里，唐望，这位墨西哥的老印第安巫师把死亡放在了“同盟者”的位置上。按照唐望的说法，“同盟者”是一个可怕的力量，在他们被制伏之前，你不得不与之搏斗。“死亡”就是这样一个“同盟者”。我们必须与它搏斗，与死亡的神秘性进行斗争，直到我们能够充分地制伏它，像唐望做的那样，把它放在我们的左肩上，让它坐在那儿。我们能够不断地、日复一日从它智慧的忠告里获益。

“同盟者”意味着朋友，但至少在西方文化里，我们是不习惯于把死亡看作是朋友的。在东方文化里，在印度教和佛教中，死亡据称比在我们这儿受欢迎得多。这两种宗教都赞同生命轮回理论。的确，在轮回学说中，终极的目标和奖赏就是死亡。根据这一理论，我们始终在循环往复——再生，死亡，再生——直到明白我们究竟要去学习什么。从那时起，并且只能从那时起，我们才能够免受生死轮回的惩罚，并最终永久死去。

不管你赞同还是反对，你都应该注意到，在轮回学说中，生命的目的也是学习。实际上，没有证据表明，印度教徒或佛教徒对死亡的恐惧比我们其他人要少。害怕死亡是很正常的。死亡是进入未知，而对进入未知世界感到某种程度的恐惧也是健康的表现，不健康的是试图忽视它。

从我的无神论朋友那儿，我经常听到的批评之一是，宗教是当老年人面对神秘和死亡恐惧时给他们的一根拐杖。我认为他们说得对，一种成熟的宗教恰恰诞生于与死亡神秘性的斗争中。同时我也认为，说宗教是一根拐杖又不完全正确，因为在承认和直面死亡的重要性方面，信仰宗教的人可能更勇敢一些。无神论者倾向于否认死亡的重要性，宣称死亡不过就是心跳的停止，其实，这是一种回避，他们不想走近死亡，不想进一步了解死亡表象下面的东西。

我想提醒你，比起无神论者，多数经常去教堂的人实际上也没有更多同死亡进行斗争的兴趣。大多数经常去教堂的人践行着肤浅的、传承下来的那种宗教，就像二手的衣物一样，虽然会给他们带来一些温暖，但更多是一种装饰。这就是“上帝没有孙子孙女”谚语的起因。我们不可能通过父母同上帝建立起联系，我们必须同上帝建立更直接的关系。我们不能让其他人——我们的上司，我们的父母代替我们同死亡进行斗争。纵观一生，人的心灵之旅某些特定的部分必须单独来完成，其中之一就是同死亡斗争。你不能让其他任何人来为你做这件事。

所以，许多经常去教堂的人像回避瘟疫一样回避死亡问题，一些基督教教派甚至把耶稣从十字架上取下来。如果你问他们为什么这么做，他们回答说是以此表明钉死于十字架后的复活。但是有时我不得不去想，他们或许是因为不想看到血淋淋的现实，不愿面对死亡的现实，因为这会让他们想到自己有一天也会死去。

死亡的恐惧与自恋

为什么我们会这么过分地惧怕死亡呢?

根本上是因为我们的自恋。自恋是一种异常的、复杂的现象。作为我们生存本能的心理层面，自恋在一定程度上是必要的，但多数情况下，它是自我毁灭式的。放纵的自恋是精神心理疾病的基本前兆。健康的精神生活意味着摆脱自恋、进步成长。而许多人未能走出自恋，也是非常普遍的现象，其破坏性也是巨大的。

对于心理医生所说的对自尊的伤害，我们也可称其为自恋伤害。在所有形式的自恋伤害中，死亡是最大的。我们随时都在承受微小的自恋伤害，例如，同学们叫我们笨蛋；在入选排球队的名单中，我们排在了最后；同事们拒绝我们；老板批评我们；我们被解雇了；我们的孩子顶撞我们。这些自恋伤害导致的结果是，我们要么变得怨恨，要么渐渐成长。但死亡是最大的自恋伤害。没有什么比即将来临的自我消亡更能威胁到我们的自恋和自负了。从这个意义上说，恐惧死亡是非常自然的。

应付这种恐惧有两种方式：普通的和聪明的。普通的方式是把这念头从我们的脑子里赶出去，努力不再去想它。我们年轻时，这办法大多能起作用。但是，我们推迟的时间越久，它就离我们越近。一段时间以后，似乎所有的东西都开始提醒我们关注死亡的存在——孩子毕业，朋友生病，关节里咯吱咯吱的响声。换句话说，这种方式不是聪明的做法。实际上，我们越是推迟面对死亡，我们的晚年就越会恐惧死亡。

聪明的方式则是尽可能早地面对死亡。在这样做的时候，我们可能会发现这其实并不难。只要我们能够战胜自恋，就能够克服对死亡的恐惧。

一个人如能成功做到这一点，死亡就会成为一种重要的推动力量，促进他们心灵的成长、心智的成熟。他们会这样想："既然我肯定是要死的，那么我总是不能放弃愚蠢而陈旧的自我，又有什么意义呢？"于是，他们走上了通向自我成长的人生旅程。

这个旅程困难重重。自恋的触角无处不在，渗透力极强，我们不得不设法及时把它们砍去。日复一日，周复一周，月复一月，年复一年。自从第一次意识到自己的自恋以来，40 年来我就一直在这样努力着。

这个旅程困难重重，但却多么有价值啊！我们在摆脱自恋、自私自利和妄自尊大的道路上走得越远，我们就会越多地发现，自己不仅减少了对死亡的恐惧，而且减少了对生活的恐惧。我们变得更可爱了。不用再背负自我保护的沉重负担，我们就能够把眼光从自己身上移开，真正地关注别人。随着我们变得越来越忘我，我们开始经历一种持久的、根本性的、以前从未经历过的快乐。

学习如何面对死亡，这是所有伟大宗教最核心的内容。它们一次次地告诉我们：摆脱自恋之路就是通往光明之路。这是佛教徒和印度教教徒在谈到自我超越的必要性时说的话。对他们来说，甚至自我都是虚幻的。耶稣也用相似的话说道："谁越是想坚守他的生命，谁越会失去它；谁越是能够放弃他的生命，谁越会得到它。"

丨第十章

性与精神

性与精神有着某种内在联系，这一说法让不少人感到吃惊。在宗教中，性与性欲都被认为是罪恶的，它通过身体的冲动和肉体的快感来诱惑我们。因此，性与精神的关系就类似于一场战争，也就是说一方必须想办法打败另一方。我个人的观点是，在一定范围内，性与精神是冲突的，它既像情人间的争吵，又像兄弟姐妹间的隔阂，到达一定程度后，便会爆发出来。

如果我们要问“性是什么”，马上就会陷入科学的死胡同。尽管我们知道如何让人类飞离地球，但是从科学的角度来看，我们却还不能完全去解释男人和女人非生理方面的异同。在这个问题上，恐怕神话比科学更能向我们说明一些关于性的本质。

神话的基本主题之一，就是神对人类的恐惧，担心人类会变得像他们那样强大，无所不能。有关性的神话，基本上都是围绕这样一个相同主题展开。这些神话告诉我们，人类在初始阶段是雌雄同体的，是一个统一的生物体。因此，他们能够迅速获取力量，从而对神构成了威胁。于是，神就把人类分成了两半，即男人和女人。于是，人类便无法跟神去竞争了。而人类也强烈地感受到自己的不完整性，渴望已经丧失掉的整体性，孜孜不倦地寻求着自己的另一半，希望与自己的另一半借助性的结合，重新体验那种丧失掉的、几乎像神一样完美的极乐境界。

根据神话的这些描述，性应该是源于人类的不完整感，源于对人类完整性的渴求，源于对神性的渴望。这样说来，精神又是什么？

严格说，性与精神不完全一样。它们不是孪生兄弟，但却是亲密的亲戚，它们起源于同一个地方，不仅在神话中如此，在实际生活中也是这样。

事实是，性是让人类最接近精神体验的一种方式。正因为如此，才会有这么多的人孜孜以求，誓死也不放弃。

性高潮：一种神秘的体验

有一天，著名心理学大师马斯洛决定，他不再去研究那些生病的人，而要去研究健康的人。这些人可能只占万分之一。他们身体强健，充分开发出自己的潜力，成为真正意义上的完整的人。马斯洛把这些人称为“自我实现的人”（我个人认为，使用“共同实现”这种表述更好）。根据研究结果，马斯洛从这些人身上总结归纳出了 13 个共同特点，其中之一就是，他们总是把性高潮当作一件精神层面的经历甚至是神秘的事情。

“神秘”这个词不过是一种比喻。长期以来，神秘主义者在谈论死亡时，总是把它作为精神体验的必要组成部分，甚至作为一个目标。所以，法国人在形容性高潮时，用的一个词句就是“像死过去一样”。

性高潮是一种主观感受，其品质高低取决于做爱双方关系的质量。所以，假如你想获取最大可能的性高潮，最好就是同你深爱的人在一起。不过，尽管与自己深爱的人在一起，是让我们体验性高潮的必要条件，然而，在我们进入到性高潮的瞬间，我们实际上已失去了彼此对对方的感觉。在那个短暂的“像死过去一样”的巅峰，我们忘记了我们是谁，我们在什么地方。

正如阿南达·库玛拉斯瓦弥所说：“在进入高潮的那一刻，每个个体对对方来说都不再重要，最重要的就是天国的大门以及里面的上帝。”约瑟夫·坎贝尔对此做出解释：“当一个人因为爱到极致而失去自己的时候，对方也变得不再重要。穿过天国的大门，你将登上神圣的祭坛。”

恋爱的假象

在《少有人走的路：心智成熟的旅程》这本书中，我对爱与恋爱做出了明确的划分——爱是对对方心智成熟的关怀，而恋爱不过是自恋的一种表现。美国人对恋爱的理解是，它应该是灰姑娘与白马王子骑马走进落日的余晖，沉浸在无尽的幸福与喜悦中。这完全是一种幻想。历史上，恋爱的确得到一些人的推崇，但这不过是一种人为的婚姻文化。而且，那些相信恋爱能够永恒的人最终都陷入了永久的失望之中。事实上，人类的这种表现，也是试图在这样一种浪漫关系中寻找自己的“上帝”，而这是我们面临的最大问题。

我们指望我们的配偶或情人成为我们的“上帝”，我们希望他能满足我们的所有需求，能实现我们的愿望，能带给我们一个永恒的天堂。但这根本不可能。究其原因，最关键的一点就是我们违背了第一条戒律，即：“我就是上帝，除我之外不能再有其他的上帝。”

不过，人们有这种想法是非常自然的，想要一个实实在在的上帝也是非常自然的。我们需要一个不仅能看得见、摸得着，而且要每天拥着抱着，同枕共眠，甚至还要去占有的“上帝”。于是，我们希望自己的配偶或情人成为我们的上帝，而却忘记了真正的上帝。

一个全球性问题

性是所有人面临的问题。对于孩子、青少年、年轻人、中年人、老年人来说，性是一个问题；对于独身的、已婚的、单身的、正直的人、同性恋者来说，性也是一个问题；对于砖瓦匠、水管工、牙医、律师、外科医生、临床医生、心理医生来说，性还是一个问题；对于斯科特·派克，性同样是一个问题。

在我看来，这个世界就像一个训练营。故意设置了各种障碍，目的是让我们通过训练来学习。为便于我们学习而设置了一些障碍，其中最为用心险恶的一个障碍就是性。当然，同时我们被赋予了感情，使我们能够解决性的问题，实现性的愿望，从而得以克服这一障碍。事实上，两个星期，两个月，或者两年的时间里，如果我们足够幸运的话，我们便能解决性的问题。但是，一旦发生变化，或者我们变了，或者我们的配偶变了，或者整个情况变了，我们又不得不再去努力，设法跨越这个障碍。

不管怎样，在克服障碍的过程中，我们学到了很多。譬如：我们怎样亲昵，怎样去爱，以及如何去克服自恋等等。一些人甚至已从这个训练营毕业了。

关于独身和禁欲，我自己进行了定义。这个定义，是我在“做”的时候得出的。“做”在这里是一个非常恰当的表述，因为我试图努力实现的就是性活动从开始到发生的全过程。为此，我进行了精心设计。我先带上自己心仪的对象到一个非常美妙的餐厅用餐，然后再去看电影，最后再来到我的住所，播放我精心挑选出的音乐，然后再上床。这就是我所设计的全过程。但是，往往同我最初的设想相反，我很难达到自己的目的，即使发生了，也不如我想象的那般美妙。

我有过的最美妙的性经历，往往是那种不期而遇的但似乎又经过天使而不是我精心编排的。于是，我就想，禁欲也许应该被定义为一种三方关系，即人间的两个人加上上帝。在这种关系中，上帝说了算。

如果这样来定义禁欲的话，那就能引申出很多的含义。一、禁欲比独身更难。独身只是限制一个人的性行为，或仅仅是在某一特定的时间段进行限制。二、禁欲充满陷阱，因为对我们来说，说服自己并不容易。但我们可以说，是上帝想让我们做我们正在做的事情。三、婚前或婚外性行为也可能因此而变为正当，而婚内性行为却有可能成为不正当的。

我在进行心理治疗时，总是建议那些已婚夫妇，当他们觉得性生活变得毫无趣味时，也许他们该禁欲一段时间。对一些人来说，禁欲或独身也可能是一种正确的选择。假如我是一名非宗教的心理医生，我想我会向病人提出这样的建议。而这完全是基于我过去的一些经历。

这是许多年前的一件事。病人是一位年轻女子，正在一所非常著名的大学读博士。她的症状是每次性生活时，她总是强迫自己进入状态，而这并非她所愿，也从未让她感到愉悦。治疗中，我们尝试了弗洛伊德的所有心理动力方法，想找出造成这种症状的根源，却未能成功。直到有一天，我问她："你不认为，活跃的性生活是精神健康的重要部分吗？"她回答说："当然，我是说，一定是这样吗？"

这个可怜的女子觉得，她必须强迫自己进入状态，尽管这并非她所愿、也从未让她感到愉悦。她的目的只是为了向外人证明，自己是一个精神健康者。在我让她禁欲三个星期后，她变得非常放松。我最终确认，她做到了精神健康。

在老年夫妇中，我也碰到过这种现象。过去许多年中，精神病学和心理学方面的文章可谓铺天盖地，它们都宣称，对老年夫妇来说，继续保持性关系非常正常。对此，我总是有些担心，人们会朝这个方向走得太远。我们从专业的角度完全认可老年人的性关系，但同时也提醒他们，是否如此，这完全取决于他们自己。

在我的心理医生生涯中，曾遇到过两对老年夫妇，他们都互相深爱着对方，但他们每个人都分别向我坦言，他或她已对对方失去了性方面的兴趣，对别人也同样没有这种兴趣。但他们都继续保持着性关系，因为他们认为对方需要。于是，我把夫妇俩叫到一起，把这个问题摆到桌面上，并建议："既然你们谁都不想再有性关系，为什么不停止？"这让他们感到有些不可思议，因为此前他们从来就没有想过这个问题。

我由此联想到《传道书》中非常著名的一段话："任何事情都有其原因，苍天在上，该是什么就是什么；该开始时就开始，该停止时就停止。"这是一种非常深邃的精神智慧。

性是一件伟大的礼物。但是，这并不意味着随时随地，针对所有的人。

第十一章

物质与精神

近来，人们越来越不满足于物质主义和科学进步所提供的答案，他们怀有一种渴望，渴望从心灵的层次来解决内心的饥渴……于是，许许多多美国人开始寻求与心灵对话，以此来解决自己的精神危机。

上述观点选自《美国新闻与世界报道》。这份杂志用5页的篇幅来解释，为什么荣格会在死后30多年突然受到人们的欢迎。最后得出的结论是，因为荣格向人们展示了心理学与灵性、宗教与科学的完美结合。

《少有人走的路：心智成熟的旅程》曾被人描述为“荣格思想的通俗化解读”。这本书的畅销归功于它的适时出版，当时恰好是人们寻求与心灵对话的时候。它的畅销出乎我的意料，因为我在书里没写什么新东西，只不过重复了荣格、詹姆斯和其他人早就说过的话。我随后意识到，由于人们此前从未关注过这些话题，因此尽管我没说出什么新东西，但这些对他们来说都是新鲜的。因为人们变了，他们关心起了自己的心灵。

《少有人走的路：心智成熟的旅程》出版后不久，就引起了宗教界人士的共鸣。在我最初收到的讲座邀请中，很多都是他们发出的，这使我非常意外，因为我自己并不信教。后来我渐渐明白了，这些人虽然都是信徒，但他们并不真正具有宗教情怀。他们虽然信奉神灵，却坚决反对仅仅停留在文字上的简单信仰，因为这种信仰宣称能解答所有的问题，唯独不谈神秘性。他们渴望新鲜空气，需要在物质世界与僵化的宗教信条之间搭起一座桥梁。

为了更好地理解宗教与科学之间的鸿沟，我们需要追溯到心理学出现以前，需要回顾宗教与科学的关系史。

宗教与科学的分离

大约 2500 年前，宗教与科学是合二为一的，统称为“哲学”。

早期的哲学家如柏拉图、亚里士多德以及后来的托马斯·阿奎那，实际上都是科学家。他们相信证据，质疑假设，但同时也坚信更高的力量是一种基本的存在。

17 世纪时，情况发生了变化。起因是 1633 年伽利略遭受的宗教审判，最终结果令人伤心，伽利略被迫放弃自己坚持的哥白尼学说，余生都遭到了监禁。然而紧接着，教会便开始自食其果。

为了描述后来究竟发生了什么，让我先做出一番假设。设想一下，那是 1705 年，我们在伦敦目击了安妮女王在私人办公室举行的一个秘密会议，教皇克莱蒙特六世特意从罗马秘密赶往伦敦参加会议。参加会议的还有伦敦皇家科学院的牛顿先生。

女王在开场白中说：“各位知道，我对国家的政治秩序和稳定负有天责，我很感激教皇陛下最近向我传递的一个秘密消息，即您将采取行动帮助我实现这个目标。鉴于教皇陛下提议召开这个会议，您是否可以亲自将我们的意思告诉牛顿先生？”

“谢谢您，女王陛下。”教皇说，“正如你所知，牛顿先生，最近一些年来，伽利略事件一直让教会不安。我能够做到的就是，建议你们的女王立即采取行动，结束科学与宗教的冲突。”

女王回应说：“这无疑将有益于国家的利益。”

牛顿立即回答说：“过去 100 年中，科学研究的手段和目标显然与教会的做法有着天壤之别。书斋哲学家的时代已成为过去，我不明白我们为什么要让时钟倒转。”

教皇说：“我非常同意你的说法，牛顿先生。让科学与宗教重新融合显然是不可能的，但至少应该在科学与宗教之间达成一种和解，或者彼此尽可能地趋同。”

牛顿问：“那您想让我做些什么呢？”

女王答：“达成一项交易。现在该是达成交易的时候了。”

教皇接着说："也就是一项协议，牛顿先生。作为上帝的代表，我被授权去促成一项协议。根据该协议，教会将不再干扰科学院的工作，科学院也不要再干涉宗教事务。"

女王接着说："也就是说，我们应该建立一种稳定的权力平衡和利益合作关系，双方彼此守土有责，各司其职。这是建立在现有划分领域基础之上的。在我的支持和保护之下，你们的研究事业将日益繁荣。你们的任务是深化人类对自然的认识，正如根据你们的机构名称所界定的那样。事实上，自然认知与超自然认知是完全不同的，后者应该属于教会的管辖范畴。我相信你也会同意我的看法。"

教皇又说："这就如同政治属于政治家一样，科学对于自然界的探索不应受到政治的影响，如果科学能够远离政治或宗教，我敢说，政府将大大增加对科学研究的资金支持，其中包括大学科研机构的运转，以及科研所需购买的各种复杂设备。"

"非常对。"女王说，"牛顿先生，如果你同意我刚才所说的，那么教会也愿意把纯粹的科学家塑造成公众英雄。"

"这么一来，用公众缴纳的税金，资助研究自然现象的科学，就名正言顺了。"教皇说。

牛顿沉思了好一会儿，最后说道："好吧，这样做的好处是显而易见的。"

女王说："作为皇家科学院的最高长官，牛顿先生，你在宗教界也是一位很有影响的科学家。如果你能够积极支持我们刚才所说的纯科学概念，那么我们也将采取重要措施，保证基督教文明的长期稳定。当然，这一切都要悄悄进行，因为这是一项微妙的交易，但也是一个有远见的决定。我认为，我们都没有必要跟其他人说起这次会面，一切都应该悄悄进行。我知道我肯定能得到你的配合。”

“我会尽力，陛下。”牛顿说。

“好，谢谢你，牛顿先生。”女王说，“顺便提一句，我知道你是能保守秘密的人，所以现在想告诉你，我正在考虑今年内封你为爵士。”

现在让我们结束想象。当然，历史上从未有过这样一次会面。但是，现实中恰恰有这样一个不成文的社会契约，明确划分了政府、科学和宗教的势力范围，并一直延续到 17 世纪末 18 世纪初。它不是一种有意识的发展，而是应时代需求做出的无意识反应。正是这样一个不成文的社会契约，在确定科学与宗教的本质上发挥了举足轻重的作用。

分清科学的领域是人类历史上最重要的事件之一，它带来了一系列可喜的变化：宗教法庭的权力被削减了，宗教人士也不再焚烧女巫。宗教势力虽然继续活跃了几个世纪，但奴隶制消亡了，没有君主的民主制建立起来了。也许恰恰因为科学被定义为“对自然界的纯粹研究”，科学也得以繁荣，并最终催生了技术革命，这是许多人始料未及的。它甚至还为世俗文化的发展铺平了道路。

问题是，这样一项不成文的社会契约今天已毫无意义了。

相反，它成了一种可怕的分裂工具，将我们的社会拆得七零八碎。这就是为什么科学越发展，我们内心越空虚的原因。

分割的不幸

1970 年至 1971 年，我在军队服役。当时，我常在五角大楼里与人们讨论当时发生的战争。我无法让自己不去想这类事情，因为我自己是个军人。我总是主动与人们谈起战争，他们总是说："好，是的，派克医生。我们理解你的关注，我们的确非常理解。但是你知道，我们属于军事装备部，我们的责任就是督管武器生产，并及时把它们运送到越南。关于这场战争，我们无能为力。战争是政策部的事，去跟他们说吧。"

于是，我又去找政策部的人谈。他们回答说："是的，派克医生，我们理解你的关注，我们的确非常理解。但是，政策部只是负责政策的执行而不是制定。政策是由白宫制定的。"如此看来，整个五角大楼对这场战争也无能为力了。

这样一种职能分割可能出现在任何一个庞大的组织机构内，不管是商业机构还是其他政府机构，不管是医院还是大学，或者是教会。当任何一个组织机构变得如此庞大且划分得如此细致之后，就会出现次级部门、次次级部门，这一组织机构的职能也就支离破碎了，力量也随之被削弱，结果就是形同虚设。

这样的组织机构形态，也就成为一种难以避免的不幸。

这种分割也会出现在作为个体的人身上。人类天生具有一种非常杰出的能力，他们能够把相互关联的事物分割在各个密闭的空间里，使它们彼此无法接近，结果导致巨大的麻烦。我们都非常了解那些每周日早晨去教堂的人们，相信他们爱上帝，以及上帝所创造的一切，包括人类。还是这些人，到了星期一早晨，他们竟可以漠视公司将有毒废水排入河流的事实。他们之所以会这样，就是因为他们把宗教分隔在一个空间，把公司的生意分隔在另一个空间。这样的人被称作“星期天早晨的信徒”。这是一种简单易行的做法，却是不完整、不全面的。

“完整”这个词来源于词根“联合”，意思是力求一种整体效果，与“分割”恰好相对立。分割容易，但联合就难了，而没有联合就不可能有“整体”。联合，就是要求我们勇敢面对各种相互冲突的力量、思想以及生活压力。

所以，当你综合考虑问题，并愿意承受随之而来的痛苦时，你就应该经常问自己：我忽视了什么？结果并非总是令人愉快的。因为或早或晚，你都会发现，在一定程度上，每个人都要对自己所做的每一件事负责。

什么被忽略了

我第一次开始分析“什么被忽略了”，是在我刚刚 14 岁时，每天早上，我都兴致勃勃地跑出去买一份《纽约时报》。一天，我看到一篇报道，37 架米格战机被击落，而美国空军无一损伤，这是美军的一个巨大胜利。第二天，我又看到另一篇令人兴奋的报道，41 架米格战机被击落，美军战机安全返回基地；第三天，43 架米格战机被击落，美军只损失了一架飞机；第四天，43 架米格战机被击落，美军战机安然无恙；第五天，43 架米格战机被击落，一架美军战机受轻伤。当我为美军遭受的些许损失而悲伤的同时，我更为这样的战果而高兴。《纽约时报》的报道称，这样的结果源于美军飞机的精密制造工艺和苏联战机的粗制滥造。报道还说，美国飞行员受过良好训练，而中国和朝鲜飞行员则忍受着饥饿，无力反击。《纽约时报》的报道还说，苏联与中国都是欠发达国家。

年复一年，这样的统计数字还在继续，我开始感到奇怪：欠发达国家怎么能生产出那么多米格战机？粗制滥造，仅仅是为了让美军去击落？慢慢地，我明白了，有些东西被忽略掉了。从那以后，我再也不轻易相信《纽约时报》的报道了。

另外一个教训来自我在医学院读书的时候。我跟妻子莉莉一起读兰德的《阿特拉斯耸耸肩》，这是一本大肆宣扬极端个人主义的书，我受此影响甚至想成为一名右翼共和党人。但我同时也隐约感到有些东西让我不安。大约在我读完这本书 10 天左右，我发现在这本长达 1200 页的全景式小说中，竟然没有一个小孩出现。小孩在这本书里被忽略掉了。恰恰是从那时开始，兰德的极端个人主义和毫无节制的利己主义哲学在我心中彻底崩溃了。不用说，一旦有了小孩和社会上其他需要扶持的人，兰德导演的这台极端个人主义和利己主义的戏，就唱不下去了。

我从事心理治疗多年，有许多成功的经验和失败的教训，如果用一句话来总结，这就是："病人没说的话，远比他说出口的重要。"在医学院临床实习时，每当我听到病人闪烁其词，顾左右而言他，我马上就能明白是怎么回事。当病人大谈现在和未来，而丝毫不谈过去时，你可以百分百地肯定，他们的问题在于过去，一定有什么东西把他们与过去隔离开了。假如病人一个劲儿地谈论过去和未来而不谈现在，那么问题很可能就出在现在。假如病人只是谈论过去和现在而不涉及未来，你就可以推测他们的障碍与未来有关，可能涉及希望或信心。

心理医生的"隔离"

当病人的问题涉及希望和信心时，倘若只把问题分解而不整合，或对价值问题避而不谈，心理疗法往往难以奏效。不过，我接受心理医生培训时，老师告诉我们，从纯科学角度讲，心理疗法应该是一种与价值判断无关的治疗方法；临床医生应该避免将任何事情与价值判断联系起来，避免将自己的价值观强加给病人。否则，你的治疗就可能走入歧途，就会被曲解，也就不再纯粹。

一位非常出色的心理医生曾对我们这些学生们说，一个合格的临床医生应该在第二次或第三次治疗时，就对他的病人表示：“我在这里不是要评判你。”对于这一教诲我始终牢记在心。开始行医后，我总是对病人说：我不是要评判你。这好像有些胡说八道。其实原因很简单，下决心接受心理治疗应该说需要相当的勇气。病人自己也很清楚，除非他们完全向医生敞开心扉、接受评判，否则什么问题都解决不了。

事实上，所谓不含价值判断的心理治疗根本就不存在，心理医生潜意识里自有一套价值体系，这一价值体系可以称作“世俗的人文主义”。它更强调实际的问题，而忽略与此生此世无关的事。从许多方面讲，这是一个非常好的价值体系，许多接受这一价值体系的人最终都变成了世俗人文主义者，而此前他们对此持批判态度。

下面是两个有关世俗人文主义价值观的实例。弗洛伊德是一个无神论者，他曾经用“爱”和“工作”来形容心理健康。“爱”是一种世俗人文主义价值观，“工作”亦如此。另一个例子是，大约 15 年前，我曾遇到一位极度绝望的女病人，跟她谈话就像拔牙一样艰难。第一年治疗时，她如约来到诊室，说：“这星期我更加绝望了。”我问：“你为什么这样认为？”她马上回答：“我不知道。”有时她也会说：“我这星期好一些了。”我仍然要问：“你为什么这样认为？”她的回答仍然是：“我不知道。”

最后，我对她说：“你听着，我一直要求你好好想想，你却总是不假思索地回答‘我不知道’，你根本就没有照我说的去做，根本没有去想。在我们进入下一步治疗前，你所要做的第一件事就是：学会思考。”“思考”其实就是世俗人文主义的价值观。

对于心理治疗来说，世俗人文主义价值体系对 60% 的病人都是有效的，对另外 40% 则难以产生效果。这也是在戒酒治疗时，匿名戒酒协会比心理疗法更有效的原因。正如我们所说，匿名戒酒协会更注重人们的精神需求，而传统的心理疗法却未能考虑到这一层面。

关注精神或心灵的需求，不仅对酒精或毒品上瘾者有疗效，对许多心理疾病的治疗都非常必要。比如，对于恐惧症患者，这种方法往往也能奏效。根据我的经验，恐惧症患者总是会惧怕一些特定的东西，比如某条街道、猫、飞机等，进而可能衍生出对狗、火车等其他东西心生厌烦。最终我发现，他们实际上是恐惧生活。这就是我所说的“恐惧型人格”。

我曾经接触过这样的病人。让我感到意外的是，他们对于世界的看法有两个非常明显的特征：第一，他们认为这个世界是一个非常危险的地方；第二，他们感到自己在这个危险的世界上是孤独的，他们必须靠自己的能力独自生存。因为这些想法，他们会表现出对世界的恐惧，会限制自己的活动范围，会把自己限制在一个自认为可以掌控的狭小空间里，这样他们才会有安全感。

大约 15 年前，我接触过一个女病人。她与许多人一样，对水和游泳有莫名的恐惧。她有两个孩子，一个 5 岁，一个 7

岁，正是学游泳的年龄。这位妇女非常困扰，因为她不敢跟孩子们一起游泳。经过一年的治疗后，有一天她对我说，她周末参加了一个游泳聚会，在游泳池里跟孩子们一起尽情畅游，感觉好极了！她的话让我有些困惑。我挠了挠头，说："我一直认为你恐惧游泳。"她说："是的，但是我对游泳池并不恐惧。"这个回答更让我摸不着头脑。"游泳池有何不同？"她说："游泳池的水是清澈的。"我于是恍然大悟。她不是恐惧游泳，而是恐惧湖泊、河流、大海。在这些地方，只要水没过脚踝或膝盖，她看不到自己的脚趾尖，就会非常恐惧。天知道这究竟是怎么回事！

我意识到，对待这样的病人，最有效的办法就是让他们建立起一种和谐友善的世界观：这个世界并不像他们想象的那样危险。或至少让他们知道，在这个世界上他们并不孤独，更高的力量会保护他们的。

我相信，对于观念相对传统的病人来说，恰当地使用宗教概念有助于心理治疗的进程。这些概念在对抗性治疗和抚慰性治疗时都可以使用。比如，当我们想劝一个自艾自怜的人时，就可以说："耶稣说过，我们要高高兴兴地背起十字架。"但对于那些责任感较强的人，似乎每隔一段时间就应让他们自怜一下。对于这样的人，我可能会说："耶稣要我们高高兴兴地背起十字架，但他不会让我们一天 24 小时都这样。如果你 24 小时都背负着十字架，而且还很高兴，那一定是脑子进了水。你们可以想象，当耶稣背负着沉重的十字架登上各各他山的时候，他会有什么样的感受？”他们会说：“耶稣一定在自艾自怜。”于是，我就对这些病人说：“你们每天也应该有两次5分钟自怜的时间。”

另外，我经常引用特雷莎修女的一段话：“如果你心甘情愿默默地自己恨自己，那么你就为耶稣提供了一个中意的庇护所。”有时，病人会因实际犯过罪而良心不安。比如说，一个退伍老兵，因为在战争期间杀害了无辜的孩子而陷于梦魇，我就会对他说：“让我们庆幸你正在经受的折磨和自责，因为你已经为耶稣提供了一个中意的庇护所。”我可以用这样的话安慰他。

我发现，这段话非常有助于我们去了解那些抑郁症患者，因为他们总是对自己不满意。他们会对我说：“派克医生，我是一个非常没用的人。在我生命当中，我从未做过任何事情。在军队服役时，我曾是一位三星上将，但那不过是侥幸而已。我不知道你为什么还愿意见我这样的人。我对妻子不好，对孩子也不好，我对谁都不好。噢，上帝！让你日复一日去面对这样一个不幸的人，是多么困难的一件事啊。”

特雷莎修女是一位非常聪明的女人，说话总是字斟句酌。正如前文所述，她说过：“如果你心甘情愿默默地自己恨自己……”而对于那些抑郁症患者来说，他们根本不可能心甘情愿默默地恨自己。事实上，早在几百年前，天主教已经将这种过分自责的做法定义为“过分求全罪”，并认为这是七宗罪之一，是骄傲的一种变态表现。这些人真正想表达的意思是：“我知道上帝原谅我了，但我要自己做出评判。”透过他们表面的谦卑，你所能看到的实质是骄傲自大和极度自恋。

最近，许多专业杂志都刊载文章探讨这样一个概念：消极认知理论。心理专家已得出结论，抑郁者和非抑郁者在认知方式上存在差异。这里所说的认知，不仅仅是思想，还包括思考的方式和感知世界的方式。抑郁的人只能感知到生活的消极面——不管内心世界还是外在世界，而不能发现生活的积极面。

许多年来，我妻子莉莉一直在努力克服自己的消极人格，最终她做到了。但就在她即将战胜自己前夕，也还有过反复。那是5月的某一天早晨，我们在后花园漫步，我瞭望四周，脑子里想着："这里的春天难道不是很美妙吗？草变绿了，树发芽了，住在这样一座殖民地时期的老房子里，是多么的幸运啊！有些地方需要重新漆一下，等明年吧，感谢上苍让我们有钱来做这些事。"莉莉却站在我旁边说："弗里兹什么时候来修剪草坪呀？看，谁把剪刀丢在外面一整夜了，再看看这座房子，乱七八糟的。"两个人站在同一块不足1平方米的草坪上，感知到的却是两个完全不同的世界。

所以，心理医生认为，在治疗抑郁症患者时，必须要教会他们不同的认知方式。不要总是看到世界的消极面，也要看到世界的积极面。不过，一些正在这方面积极努力的心理医生也注意到，"认知疗法"与皮尔博士数十年前所写的《积极人生观》如出一辙，这多少令他们有些尴尬。实际上，许多类似的表述早在12世纪就出现了，此人就是神秘主义者贾拉路丁·鲁米。在我看来，他是迄今为止最聪明的一位智者，仅次于耶稣。

他说:“你的抑郁源自于孤独和不肯赞美别人。”他所说的孤独，实际上就是潜藏在抑郁背后的自恋和自大。

抑郁与幻想

在治疗抑郁症患者时，常常会遇到一些“王子”或“公主”型的人。第一次让我产生这种感觉的是一位女病人。她曾接受过另一位心理医生的治疗，很有效果。之所以找到我，是想做进一步治疗。在我这里治疗了将近一年后，有一天，她跟孩子们讨论起一个非常复杂的问题，结果争执很激烈，她不知该如何应对。我们就这问题进行评估时，她突然说:“天啊，我真等不及了，希望这次治疗快点结束!”我问:“你为什么要这么说?”她回答道:“治疗结束我就高兴了，我终于不用再忍受这些事情的折磨了。”

从她的话中，我突然嗅到了一丝幻想的味道。作为一名心理医生，不仅要消除病人的痛苦，还要百分之百地根除他们的幻想。这种幻想普遍存在于“王子”或“公主”们身上。

为了更好地解释人们为什么会产生这样的幻想，我必须首先从儿童心理说起。根据目前的研究结果，婴儿在出生后的第一年开始分辨“自我界限”。在学会辨认之前，他们实际上是分不清自己的手和妈妈的手的区别的。比如，他们自己肚子疼，就会认为妈妈也肚子疼，甚至整个世界都在肚子疼。进入第二年，他们能够学会辨认自己身体的界限了，但还不会辨认自我力量的界限，所以他们仍然会认为，自己是宇宙的中心，父母、兄弟姐妹、狗、猫等只不过是供他们差遣的宠臣爱将罢了。

第二年以后，爸爸妈妈开始对孩子说：“不，不，约翰尼，你不能这样。不，不，你也不能那样。不，不，那样做也不行。不，不，我们都很爱你，约翰尼，你对我们来说太重要了，但是不行，你不能那么做，不能是你说了算。”如此反复，一年下来，孩子从心理上由一名四星上将降成了二等兵，这的确让孩子感到郁闷甚至愤怒。

但是，如果父母能够温柔地对待孩子，帮助他度过这段困难的日子，那么孩子今后就会朝摆脱自恋迈出一大步。不幸的是，现实往往不是这样。有时，父母对孩子不够温柔；有时，父母在孩子最需要鼓励和帮助的时候，未能给予有力的支持，反而去羞辱孩子。

那位女病人就是在这样一个严厉的家庭中长大的。虽然，她不可能记得两岁时的经历，但是她能记得三四岁时的事情，特别是当她做错事时所受到的处罚。我们可以设想一下，父母命令她取下挂在墙上的鞭子，拿过来交给父亲。然后她退下内裤，卷起裙子，弯下腰，接受父亲的处罚。她尖声地哭叫着，直到父亲住手。然后，她提起内裤，从父亲手里接过鞭子，挂回墙上。随后，她向母亲寻求安慰。当她觉得得到足够的安慰后，就停止了哭泣。这时，母亲说：“跪下，大声祈祷，请求上帝宽恕。”于是，她顺从地跪下，大声祈祷着请求上帝的宽恕……就这样，直到母亲发话:“好了，起来吧，现在再去请求你父亲的原谅。”于是，她又走到父亲面前。如果父亲认为她的态度足够诚恳，就会原谅她。一整套程序至此宣告结束，直到下一次，她又做错了什么事情。

在这样的环境中，孩子们如何生存？让她们生存下去的唯一方式不是放弃婴儿时期的为所欲为和极度自恋，反而是更加顽固地坚守这些东西。这样一种表现非常具有典型性，心理医生将其命名为“家庭传奇”。的确，我的很多病人都能清楚地记得小时候的这些事情。那么，对他们来说，所能做的就是不断告诉自己:“这些自称是我父母的人并不是我真正的父母。实际上，我应该是国王和王后的女儿，一个拥有皇室血统的孩子，一位公主。总有一天，我将确认自己的身份。那时，我将成为我自己。”

这种带有强烈安慰性的幻想，能够让孩子有效地摆脱屈辱。遗憾的是，在他们成年以后，这种幻想就变成了一种潜意识行为。然后，没有人把他们交给国王或王后，也没有人认可他们自认为的王室身份，于是，他们便陷入抑郁当中。这是造成抑郁型人格患者认知障碍最主要的原因。抑郁症患者在认知上的根本问题是，他们心存幻想，他们从不认为自己应该遭遇不幸，认为自己与所有的坏事都无缘。所以，他们总是看到生活中的消极面，却看不到生活中的积极面。

巴西心理医生诺伯托·科泼指出，大多数心理疾病都表现为“超级狂人”。他们有这样一种错觉，以为人类就是上帝。

“超级狂人”这种说法与我们所说的“王子”或“公主”的幻想非常相似，只不过后者的比喻更通俗罢了。

十几年前，我曾经治疗过一个病人，我们就叫他乔·琼斯吧。他笃信基督教，曾是一名专职基督教青年工作者，后来又开始经商。找我治疗时，他正跟两个肆无忌惮的家伙混在一起，这两个人为他的生意提供资助。当时，他面临着巨大的心理压力，因为要不断地背叛、说谎。有一次，他们去参加一个产品展览会，谎称自己的产品已获得专利，目的就是为了卖出这些东西。当时我就想，如果我处在他的位置上，我会非常担心。这个人却处之泰然。一次他来治疗时，我想安慰他，就说：“乔，你已经尽了自己最大的努力了。”不料想，他突然说：“我所努力做的，对乔·琼斯来说却是远远不够的。”

这样一种表述听上去很奇怪。于是我问：“你这话是什么意思？”他说：“是否尽力做好自己的工作固然重要，但更重要的是，我们的生意不许失败。”

我说：“乔，你听着，从长远来说，对你最好的事情莫过于你的生意垮掉了；在我们看来，上帝也想让你的生意垮掉。其实，我们每个人都是这出复杂而奇妙的天堂剧中的一名演员。我们所能期待的最好结果，就是能有机会瞥一眼这出剧正在上演什么，我们如何演好自己的角色。听你刚才所说，你不仅想让自己成为最好的演员，你还想成为一名编剧。”

乔很具代表性。其实，我们很多人都带有或多或少“超级狂人”的特质，想象着自己能成为生活的编剧。一旦生活没有朝我们希望或设计的方向发展时，我们就会愤怒、气馁、害怕。事实上，许多人都不能根据现实生活随时调整自己，而生活往往比我们设想的更丰富、更复杂。不能及时调整，也就无法学习。要想真正地学习和成长，我们就必须去遵守现实的规则。有人这样总结说：生活就是在你已经规划好的事情之外所发生的事情。

| 第十二章

从宗教中得到的裨益

在使用“宗教”一词时，我总是非常谨慎。比如，我经常谈论的是精神方面的事情而不是宗教事务，是“更高的力量”而不是上帝。我之所以这么谨慎，是因为这些词语包含有消极的内涵，宗教的罪状之一就是它总是讹用某些非常神圣的词语，当人们看到这些词语时，就会把它们与宗教的伪善联系在一起，而不再关注它们的真正意义。

我们许多人都受到过宗教的伤害。我曾谈论过关于宽恕你的父母的必要性，宽恕他们在你童年时对你犯下的过错，现在我也想说，宽恕宗教给你的童年造成的伤害也同样非常重要。宽恕不意味着让你回到过去。我并不是要你回到童年的教堂，就像我不是要你跟父母一起回到童年的家里一样。但是，要想让你自己的心灵得到成长，就必须学会宽恕。没有这样的宽恕，你就无法把宗教的真诚教导与它的伪善区分开来。

有一本书叫《完整：被所有宗教分享的原则》，它的封面引文是这样说的："世界上每一个宗教有相似的爱的思想，通过精神实践，使得它们的追随者的心智得以成熟。"

在这本书里，你会发现世界上每一种重要宗教的创始人全都在教导人们：爱你的邻居。无论你选择把你的心灵安放到什么地方，你都不得不接受这些基本的事实，因为在你自己的心智旅程中，你需要这些基本的真理作为指路牌。但我无法告诉你应该是哪一种宗教，因为我们每个人都是独特的。

甘地说过："宗教是在不同的道路上聚集着同样的观点。所以，我们选择不同的道路又有何妨，只要我们能到达相同的目的地。"的确，我们都在沿着障碍重重、布满荆棘的沙漠之路奋勇向前，去追寻我们的"上帝"。

通往信仰之路

我是通过佛教禅宗走近上帝的，但那只是道路的第一个延伸。在接触佛教禅宗 20 年以后，我为自己选择的道路是信仰基督教。但是我怀疑，如果没有佛教禅宗，我是否还会选择基督教。接受基督教，意味着一个人必须准备好接受悖论，而佛教禅宗就是悖论的一个理想训练学校。没有那一段的训练，我绝不可能接受那些令人生厌的基督教教义的悖论。

在《少有人走的路：心智成熟的旅程》出版之后不久，我成了一名基督徒。那本书中的第一句话引用的就是伟大的佛教真理："人生苦难重重。"尽管在潜意识中，我非常认可佛教的许多东西，但这本书还是充满了基督教的理念。一位重要人士对我说过："斯科特，你为了把基督教传递给更多的人，在《少有人走的路：心智成熟的旅程》这本书里，你很巧妙地掩饰了你的基督教思想。"而我诚实地回答："嗯，我没有掩饰，我不是一个基督徒。"

《少有人走的路：心智成熟的旅程》可以看作是我在自己心智旅程的特定阶段所认识到的一些东西。从那时以来，我又在心智成熟的道路上向前走了很远，或者我可能走上了一条捷径。自从这本书出版以来，我所做的大量工作就是践行书中所阐述的理念。

30 岁左右，在读了 C.S. 刘易斯《魔鬼家书》之后，我的人生观发生了重大转变。这是一本小说，里面实际上都是老恶魔写给他侄儿沃莫伍德的一封封信。沃莫伍德的任务是暗中破坏一个年轻人的精神生活。然而，由于他们的一次次失误，那年轻人已成为一名基督徒。于是，恶魔责令沃莫伍德去确认，年轻人是不是"把他的时间视为他的时间"了。一开始，我觉得这句话简直就是胡说。我反复读了三遍，怀疑肯定是排版上出了错。一个人除了能考虑自己的时间，怎么还能够考虑"他的时间"？后来，我开始明白了，这种可能性是存在的，因为我的时间属于一个比我自己更高的力量。再往下想，一个更不可思议的念头出现在脑海中：我的时间是属于上帝的！而且直到今天，我都还在努力把更多的时间交给上帝。服从虽然有程度上的不同，但却是可以教授的，就像 C.S. 刘易斯教给我的那样。12 年后，我完全皈依了基督，受洗为一名基督教徒。

基督教吸引我的另一个原因，是我相信基督教教义对原罪的理解是正确的。它认为所有人都是有罪的，我们不可能无罪。关于“罪”，可能有许多不同的定义，但是最常见的莫过于错失目标，或未能击中要害。要求每次都击中要害是不可能的，有时难免会有一点粗心大意。无论我们多么优秀，有时也难免会表现出一点厌倦或自负。我们不可能每次击中要害，我们不能做到十全十美。

对于这样一种失误，基督教是允许的。实际上在真正的基督教教堂里，成为会员的前提之一就是，你是一个罪人。如果你不认为自己是有罪的，你就不能成为会员。但基督教同时也认为，如果你带着悔过之心承认并忏悔自己的罪过，罪过就被洗清了。“悔过”一词在这里非常重要，需要你从内心真正认识到自己的错误，并承受其所带来的痛苦。如果你真的做到“悔过”，以往的过错就会被洗净，甚至仿佛从来不曾存在一样。

为了说明这一概念，我讲一个小故事。在菲律宾有一个小姑娘，有一天，她到处对人说，她和耶稣说话了。村子里的人们对此都很兴奋。这事传到邻村，那儿的人也开始兴奋起来。最后，传到马尼拉大主教的宫殿里，主教有点儿担心，毕竟，那些未经认可的圣徒是不能在天主教堂里随便游荡的。于是，他指派手下的人去调查此事。小姑娘被带到主教的宫殿里，进行了一系列的诊断测试。在第三个测试结束时，主教绝望地说："我真的不知道，不知道这是怎么回事，不知道这到底是真的还是假的。现在，我要对你进行一个决定性的测试。下一次你和耶稣交谈时，我希望你问问他，我在最后一次忏悔时说了些什么。你能做到吗？"小姑娘说可以。主教放她走了。到下一周测试时，主教毫不掩饰，焦急地问道："那么，我亲爱的，过去的一周里，你和耶稣又交谈了吗？"

她说："是的，神父，我和他交谈了。"

"那么你在和耶稣交谈时，有没有记得问他，我在上次忏悔时说了些什么？"

"是的，神父，我问了。"

"是吗？那耶稣说了什么？"

小姑娘回答："耶稣说，'我忘了'。"

对于这个故事，我们可以做出两种解释：一种是，小姑娘是一个聪明的精神病患者；但是更可能的一种是，她真的和耶稣交谈过，因为她所说的都是一些纯粹的、优秀的基督教教义。一旦我们对自己的罪过进行忏悔和悔过，它们就被忘记了。而只有自我感觉不好的人，才会真正去忏悔。

耶稣的真实性

当人们问我是否"再生"过时，我说："或许吧，如果真的再生，这将是一次非常漫长、艰难而困难的分娩过程。”在这一过程中，有各种里程碑式的事件，但最重要的是在我 40 岁时，也就是在我写完《少有人走的路：心智成熟的旅程》第一稿之后，我第一次读了《圣经·新约》中的《福音书》。因为书中有几处引述了耶稣的话，所以我就认真地查阅了这本书。

对我来说，在这个时候去查阅《福音书》，是再合适不过了。

如果在十几年前，你若问我“耶稣是否是真实的”，我会说，确实有足够证据证明历史上有耶稣其人，他是一个很聪明的人，只不过因为多说了一些话而被处死了；然后，因为某些原因，人们开始围绕他建立起一种宗教。这就是我的回答，我承认了他的真实性。实际上，《圣经·新约》中的《福音书》的作者不是耶稣同时代人，他们在耶稣死后 30 年或更晚一些才开始撰写的。他们记录下的，都是一些二手、三手甚至四手的记述。所以我认为，他们这样做不过是为了“公关”或装饰自我。

但是，当我最后开始读《福音书》时，我已有了十几年的心理医生经验，早已掌握了一些关于教导和医治的东西。正是在这些知识和经验的基础之上，我开始读《圣经·新约》中的《福音书》，并被里面那个人的超常真实性惊呆了！我发现每一页都有关于他的挫败感的描述：“你让我对你说什么？你要让我说多少次？我不知道如何才能够让你明白？”他会经常感到悲哀或沮丧；他会经常焦虑和担心；他也会有偏见，尽管他最终能够克服这些偏见，通过爱来超越它们；他还非常非常的孤独，当然他也是一个经常需要孤独的人。我最终发现，他是那么令人难以置信地真实，没有人能够杜撰出这么一个人来。

于是，我开始想，如果《福音书》的作者真像我认为的那样，是为了“公关”或装饰自我的需要，那么他们就应该创造出一个今天的基督徒仍在努力想创造的耶稣，至少应该具有他3/4的特性。他的脸上应该永远展现出甜蜜的微笑，轻拍着小孩子的头，镇定而自信地行走在大地上，内心成熟，思想平和。但实际上，《福音书》中的耶稣并没有很多“平和”的思想。

我开始相信，《福音书》的作者都是准确的记录者，他们历经千辛万苦，尽可能精确地记录那些事件，那个人在生活里说过的话。尽管他们对那些话似懂非懂，但是他们相信，这个人已经达到天地合一的境界。正是从那时起，我开始爱上了耶稣。

耶稣的天才

我和妻子莉莉一直是缅因州海边一个小乡村俱乐部的成员，每年夏天，我们都要去那儿住几天。《少有人走的路：心智成熟的旅程》出版时，我们恰好在那儿度假。我陶醉其中，并费尽心机让俱乐部的人知道我出版了一本书，知道我不仅是一名心理医生而且是一名作家。很快，我为自己的这一自恋表现感到后悔了。因为第二天晚上的鸡尾酒会上，俱乐部的另一位客人——一位非常有名的诉讼律师走到我面前说：“我听说你刚写了一本书，是关于什么的？”

我回答说：“嗯，是一本心理学和宗教相结合的书。”

“好，好的，但是它说了什么？”他问道，表现出职业性的咄咄逼人。

“讲了很多的事情，不过我想，你并不打算在这儿坐上一个钟头，听我告诉你它所讲的所有事情。”我回答说，但有些底气不足。

他说：“你说得对，我不会。我想让你用一两句简洁的话告诉我它说了什么。”

我回答：“嗯，如果我能够那么做，我就不用写这本书了。”

“胡说，”他坚持着，“我们律师经常说的一句话是，任何值得说的事情都可以用一两句简短的话来说清楚。”

我所能做的就是搪塞了：“不过，我想你真的会觉得不值一听呢。”然后就尴尬地溜走了。

耶稣的天才之处就在于，当面临同样的局面时，他能极其优雅地把握好自己。试想一下，人群中一名著名律师向他走来，耶稣同样也会因此而感到欣喜。那人对他说：“好了，耶稣，告诉我，你在书里想要说的是什么？我可不想听你长篇累牍地向我布道。你只需用简短的一两句话告诉我，你想传达的信息是什么？你试图说什么？”耶稣微笑地说：“全心全意爱上帝。像爱自己一样爱你的邻居。”

这其实就是基督教徒们的惯常用语。不幸的是，大多数人并不理解这句话背后的含义。用你全部的心、所有的灵魂、所有的能力爱上帝，是让你听命于上帝，这是一个漫长而艰难的过程。即使在我成为基督徒后许多年，我发现自己仍然没有完成这一过程。

《少有人走的路：心智成熟的旅程》付梓出版以后，我决定给自己放个假。然而，我不想跟家人一起做什么事，也不想自己单独旅行或坐在海边的某个地方发呆。我突然冒出了一个疯狂的念头：隐居！这将会是某种完全不同的经历！于是，我到一个修道院去待了两周。

期间，我为自己安排了一系列要做的事。一是戒烟。我成功做到了，不过只有那一次。但我最大的计划是，如果由于某种巧缘机遇，这本书让我出了名，我该做什么？这是我要认真考虑的。如果真是那样，我是中止隐居，出去做巡回演讲，还是继续退隐山林像 J.D. 塞林格那样，并立刻申请一个不入册的电话号码？我不知道我想走哪条路。所以，我的首要事项就是，祈望在宁静的生活和神圣气氛中得到启示，指导我应对这两难局面。

我想，我应该更多关注自己的梦境，因为我相信梦境能够起到某种启示功能。所以，我开始写下自己的梦，但它们大多都是一些非常简单的桥或门的影像，它们没有告诉我任何我不知道的东西——那就是，我正处在生活的转折点。

不过，我还是做了一个非常复杂的梦。在梦里，我是一个中产阶级家庭里的旁观者。这个家庭里有一个 17 岁的男孩，他是那种每个做父母的都想拥有的孩子。他是一名高中高年级班的班长，在毕业典礼上，他将作为学生代表上台致辞；他相貌英俊，是校高中橄榄球队队长；业余时间，他在校外努力打工；而且，他还有一个美丽端庄的女朋友。另外，这名男孩还考下了驾照，就他的年龄而言，堪称一名熟练而负责任的司机。但是，他父亲不让他驾车，而是坚持要由他开车送男孩到所有他要去的地方——球队的练习、工作、约会、班级舞会，等等。更过分的是，父亲坚持让男孩把他在课后辛苦挣来的钱每周付他 5 美元，作为开车送他的报酬。而这一切，男孩完全有能力自己做。梦醒后，我对这个父亲的形象感到异常讨厌和愤怒。

我不知道为什么会做这么一个梦，似乎一点意义都没有。但是，就在我把它写下来三天以后，当我重读自己写下的梦境时，我注意到我把“父亲”的首字母大写了。所以我对自己说：“你是不是在假定，梦中的父亲就是上帝？如果是那样的话，你为什么不假定你就是那 17 岁的男孩？”我最终意识到我得到了天启。上帝正在对我说：“嘿，斯科特，你刚刚付过钱，让我来开车吧。”

我总是认为，上帝是最大的好人。但在我的梦里，我却把他看成是一个专制的、难以控制的恶棍，或至少我对他感到愤怒、仇恨。很明显，这不是我祈望得到的天启，不是我想要得到的东西。我想得到来自上帝的一点劝告，并且是我能自主地决定是接受还是拒绝。我不想听到上帝说：“从此以后，都让我来开车吧。”

16 年以后，我仍在努力去实践这一天启。我放弃了自己，通过学会顺从把自己献给了上帝，并且由衷地欢迎上帝坐到我仍停留在青春期阶段生活的司机座位上。

“死亡”洗礼

在两周隐居生活中发生的另一件事，是我开始考虑是否要成为一个基督徒。这不是一个令人愉快的想法。我觉得，要做到这一点，需要经历几个层次的“死亡”洗礼。其中之一就是，我已经习惯自己坐在司机座位上，至少在属于我自己的时间里是这样的。如果我成为基督徒，我的时间将不再属于我自己，而是属于上帝。我对自己时间的所有权将因此宣告“死亡”，而这感觉就像是我自己死去一样。

没有人喜欢去死，所以我尽可能地拖拖拉拉。我利用每一个看似合理的理由逃避施洗。最好的理由就是，我尚未决定皈依哪一种教派。做出这样一个复杂的、需要高级智力水平才能完成的决定，至少需要 30 年的研究，所以我不必为此瞎操心了。但是，我遭到了反驳，即我不是一定要选择某一教派，实际上，施洗不是一个教派的庆典。所以，当我最终在 1980 年 3 月 9 号接受施洗时，是在纽约主教派教会修道院一个小教堂里，在一个精心设计却与宗教派别无关的聚会上，给我施洗的是北卡罗来纳州卫理公会的一个牧师。从那以后，我一直都在小心谨慎地守护着自己与宗教派别无关这样一种身份。表面上说，这对事业有好处。但是更真实的原因是，在内心深处，我不信任任何教派。我真的认为，生活中应该有不同的崇拜选择，以适应不同的人，但是教派都拒绝与其他人共享，这让我反感。我所关心的是，我希望自己能自由地步入所有教派的大门，因为我属于那儿。

教堂之罪过

就认识层面而言，我成为基督教徒是因为我逐渐地开始相信，基督教教义更接近上帝的思想。这不意味着，基督教没有从其他宗教汲取营养。实际上，基督教引进了大量外来的东西。它规定，任何受过教育的基督徒，都有责任尽可能多地去吸纳其他宗教传统的智慧。

基督教教堂最大的罪过，是它的傲慢，或自我陶醉。这种思想使许多基督教教徒觉得，他们已经把上帝包裹好，放进他们的后口袋里。他们认为，自己已经领悟了全部的真理；他们还认为，那些与他们信仰不同的、可怜的粗人们是不配得到拯救的。但他们没有意识到，上帝远在他们的宗教理论之上。没有什么比这种心胸狭窄的自我陶醉更矮化基督教的了。

成为基督教徒后，我就知道，自己应该毅然承担起基督教堂罪过的重负，不管以什么方式。教堂的另一个罪过就是对暴行的纵容。比如，那些已经延续了数百年的、充满敌意的反犹太主义，以及教堂未能及时制止的对犹太人的大屠杀。我确信，假如基督教堂能够站出来，宣称纳粹主义同基督教教义是不相容的，并把它归类于比异教更糟的一种邪恶，所有纳粹分子就会被逐出教会，历史的进程也将重新改写。

另外一个罪过就是误解。一旦我提到耶稣或基督教，许多人就会不高兴，或许是因为他们信仰不同的宗教，或是因为他们曾遭受宗教伪善的伤害。其中就包括我的妻子。她是一个保守的浸礼会牧师的女儿。所以，对于那些被我赋予了积极意义的新概念，莉莉反应激烈，称它们是伪善的危险信号。然后，我们经历了一段非常困难的时期，直到我逐渐学会不再板着面孔说教，她也开始认识到基督教教义分属多种层次，这种矛盾才得到一些缓和。

所以，在接受施洗之前我就非常清楚，如果我如实说出自己的信仰，肯定会招致许多偏见之人的不满，他们甚至会把我赶出去。但是，我决定接受洗礼，就是要埋葬过去的自己，就是公开地宣称我变成了一个基督徒，我因此也准备承担偏见带来的重负。

在这样一个忍耐的过程中，我从一本杂志中寻找到不少安慰。这本杂志原先叫《威腾博格门》，而现在干脆简化为《门》了。这是一本基督教讽刺幽默杂志——某些人可能会觉得这个表述有些自相矛盾。杂志的主办者是一些福音派教徒，他们对教堂的各种罪过，对正派福音传道的亵渎和歪曲感到异常愤怒。他们在应对这些问题时，采取的是讽刺挖苦的方式。每一期都设立一个“绿色维尼熊奖”，授予某一项最乏味的基督教教义。

所以，许多处于第二阶段的基督徒都指责我为“反基督者”，阻挠我的演讲。实际上，我已经被他们驱逐了。与此同时，我也被个别“新时代”运动者斥责为太保守，并因此再遭驱逐。虽然我从未想过要走中间路线，但现在我却发现，自己成了一个中庸的基督徒。听起来不太好，实际却很好。我已经决定了。这不是骑墙，而是一条压力之路。佛教教义称它为“中间道路”，最具代表性教诲的就是：拥抱对手。

新时代运动

由于社会的高速发展，人类对精神世界的探索又前进了一大步。在这种物质多元化、精神多元化的背景下，许多美国人对基督信仰发生了动摇，对上帝产生了质疑。这导致了各种各样的崇拜的盛行和人们对东方哲学的兴趣。

尽管对东方哲学的关注已持续了相当一段时间，但最近所兴起的新时代运动使其得到了更广泛的传播。很多人都对这场运动感到不解，不断有人问我，在你看来这场运动究竟是好是坏？

新时代运动是一场批判西方文明制度的弊端的运动，也可以说是疏离西方宗教、亲近东方宗教的运动。如果概括新时代运动的特征，就是它在思想上的开放，在行动上的创新。应该说，新时代运动是一股清新的风，它的贡献是巨大的。

不幸的是，新时代运动也走进了极端。比如，为了反对男性至上主义，它创立了激进的女权主义。这不仅让人本能地感到不快和不安，而且还显得粗鲁无礼，有时甚至还很愚蠢。我曾在女权主义者的集会上发表演讲，阐述我的上述观点，即使我尽量使用一些中性词，明确表示反对男权至上，但演讲仍然进行得很困难。在这个问题上，新时代运动犯了一个错误，它为了反对一个弊端而走向了另一个极端，即把孩子和洗澡水一起泼出去了。

另一个例子是：为了反对犹太教与基督教的共有传统，新时代运动制造了一场大范围的精神混乱。在美国几乎所有大城市里，你都能发现一个甚至多个大大小小的组织，我将其称为“精神超市”。他们上演了各种各样的剧目，从苏菲派舞蹈再到酒神节狂欢，无所不有。除了犹太教和基督教，你什么都能看到。许多人都被搞糊涂了，更有一些人以此为借口而逃避自己的责任。

《少有人走的路：心智成熟的旅程》出版后不久，一位不再年轻的嬉皮士找到我。他 40 多岁，蓄着胡子，留着长发，背着一个背包，一路搭便车来到康涅狄格州找我。他对我说，他需要精神指导。他的生活一塌糊涂，不知道自己想干什么。佛蒙特州有一座禅宗寺庙，他想去那里；新奥尔良的一个新时代运动社团也希望他过去。但是，另一个声音也在召唤他：“你应该去信奉基督教。”他父母都是天主教徒，自从 16 岁放弃天主教后，他就没再去过教堂。他问我他应该选择哪一个？

“好吧，”我说，“在我提出建议之前，我希望你能告诉我更多的关于你自己的事情。”于是，他告诉我，他曾经有过两次婚姻，与第一个妻子生了两个孩子，跟第二个妻子有一个孩子。他已经十几年没跟第一任妻子的孩子见面了，与第二任妻子的孩子也有六年没见面了。我问为什么。他说：“离婚时我们吵得很厉害。我想，假如我彻底从他们的生活中消失，也许对孩子有好处。但是，面对现在这种精神困境，我该怎么办？”

我告诉他，自从我写完《少有人走的路：心智成熟的旅程》这本书后，我就成了一名基督徒，其原因部分是因为我逐渐开始相信基督教教义。我解释说，基督教教义的核心就是牺牲，这是一个陌生的概念。我并不认为这是要求我们每个人像受虐狂一样时时想着牺牲自己，虽然直到现在我也没有真正搞清楚，牺牲对一名基督徒而言究竟意味着什么，但它至少意味着：“当你在做出选择之后，就不能轻易地放弃这个选择。否则它将被牺牲掉。”

当我在说这些的时候，这个男人突然抽搐起来。我以为他犯癫痫病了，于是赶紧问他感觉如何。他说：“你正在给我做一个精神手术。我不得不说，这让我很难受。”

他承认，这些话对他非常有用，他想接着再来治疗。于是，我们约定了时间。但两天以后，他打电话取消了预约。我猜想，他并没有去努力重建他与孩子们的关系，而是去了新奥尔良的新时代运动社团。

很显然，这名嬉皮士是在逃避责任，他不敢做出牺牲，承受痛苦，他害怕见到前妻，害怕直面基督教的教义。可以肯定的是，他的选择，丝毫不会减轻他的痛苦。

异 端

我一直认为，所谓异端，是一个属于遥远的中世纪、与宗教裁判所有关的神秘命题，与现代世界根本扯不上边，直到15年前，我收治了一个新时代运动的病人。这个病人广泛参与了新时代运动的各种活动，根据她精神混乱的严重程度，我邀请一名牧师当顾问，跟我一起进行治疗。

鉴于她的病与宗教有关，有一天我对她说："跟我讲讲耶稣吧。"

她拿起笔，在纸上画了一个十字架，在四个区域内分别画了一个圆圈。她说："十字架顶端有三个耶稣，下面也有三个，两只胳膊上也各有三个。"

在心理治疗时，有时需要单刀直入。"别胡说八道了！"我厉声说，然后又问道，"耶稣是怎么死的？"

"被钉死在十字架上。"

从她的回答中，我似乎捕捉到一些东西：她在做事情时，是否总是设法避免受伤害？这种感觉驱使我继续问下去：“这让他感到痛吗？”

“噢，不。”

“你是什么意思，你是说他不痛？他为什么不痛？”

“噢，”她幸福地回答说，“因为他修炼进入了一个更高境界，这使他能够远离肉体，进入到这样一个境界中。”

在我看来，这简直是在胡言乱语。但是，我不能够让自己流露出丝毫这样的意思。不过，这的确太怪诞了。于是，我把这件事讲给我的牧师顾问。他马上说道：“噢，这就是基督教的幻影说。”

“幻影说究竟是什么？”

牧师解释说：“这是一种非常早期的异教。其信徒是一些早期的基督徒，他们相信耶稣是一个神，他的身体不过是一具躯壳。”

我恍然大悟。原来，基督教的异端，只有基督教徒能够知晓。当然，除此之外还有其他一些异端。但基督教的异端是写在基督教教义里面的，这也严重破坏了基督教教义的整体内容。现在再去理解为什么幻影说被定为异端，也就不难了。我们可以这样推论：假如真的像我的病人所认为的那样，耶稣是一个神，他的身体不过是一具躯壳，那么他被钉上十字架后所遭受的痛苦，不过是一场神的表演。如此，作为基督教教义核心内容的“牺牲”将变得毫无意义，因为这不过是上天造出的一个假象，但是许多人对此却信以为真。

许多异端都是因为看问题片面而引起的。基督教还有一支异端，恰恰与幻影说相反，他们相信耶稣是真正的人身，除了他的相貌外，毫无神性。假如我们相信耶稣只不过是一个更聪明、更好地实现了自我的人，而在其他方面不过就是一个普通的凡人，那么，我们必将得出结论：上帝不会像我们每一个人那样生和死。

这样，我们就又触及基督教教义的一个核心问题——一个人信不信上帝究竟是否重要？这是一个似是而非的问题。耶稣既是人也是神，但不是各占一半，如同教义所说：一个完完全全的人和一个完完全全的神。

从那以后，我开始认识到，许多古老的基督教异端不仅在今天仍然存在，而且在许多地方还很有影响。比如，现在还有两所神学院，其校名分别是"上帝无所不在"和"超然物外"。前者主要研究人的内在神性，心灵中的上帝或者教友派所说的"内在之光"；后者主要研究人类所接受到的神性的辐射，在他们看来，圣父在天国，是天上的一位伟大的主宰。应该说，这两个派别所关注的问题都没有错。一个人如果想两面讨好，必将陷入困境。

假如我们相信上帝存在于我们的内心，那么我们的每一种思想和感情都可以被看成是心灵的启示。而这对于新时代运动者来说是不能接受的。如果我们相信上帝存在于我们之外，那么我们就会面临这样一个问题：上帝究竟如何同我们进行交流？当然可以通过先知摩西或耶稣，而他们的言行又是通过神职人员传递给我们的。这最终可能会导致出现我所说的“正统的异端”，如同中世纪的宗教裁判所。事实上，那些所谓的裁判者们才是真正的异端，他们以异端的名义实施酷刑或处以死刑。他们这样做，是不是在扼杀被杀戮者的内在神性？确实，只知关注超然物外的神性也是一种异端，一些极端传统的天主教或正统基督教教派都陷入了这样一种情形中。

于是，我们将面对另外一种似是而非：上帝以静止的、沉默的方式存在于我们内心；与此同时，它又以超然的、崇高的形式存在于我们之外。

死后的生命

关于这个问题，我要继续运用我所了解的一些佛教知识。对于佛教的某些观点，比如轮回说，我采取的是不可知论的态度。这就是说，我不是不相信它，但也不是相信它，我只是不知道。

有一位心理医生伊恩·斯蒂文森博士，多年来花费大量业余时间研究轮回说。最后一次听到他的研究进展，大约是在 10 年前，他彻底揭穿了催眠术是一种倒退，同时他也发现了至少七个案例，无法简单地用轮回说进行解释。如果还有人完全相信轮回说，我就必须严肃对待这件事情了。我对所有那些所谓

“放之四海而皆准”的教义都持怀疑态度，而轮回说就是被用于，或者说被误用于解释所有事情。

美国心理学家威廉·詹姆斯在《宗教经验之种种》一书里提到了“旧的灵魂”这一概念，对此我也不全信。他说，有些人似乎生来就掌握了某种知识，就仿佛他们以前曾活过一次似的。我知道，有些孩子会表现出某种超常智慧，我写的关于我的孩子们的书《友好的雪花》，就是写给“具有老人灵魂的年轻人和具有年轻灵魂的老年人”的。

关于是否存在轮回，我对此完全采取开放态度。只要没有另外一种观点能让我改变有关死后生命的命题，即传统基督教对死后生命的信念，以及它有关天堂、地狱和炼狱的论述，我都会怀着极大热情去关注轮回问题。炼狱主要是罗马天主教的一个概念，我作为心理医生较容易接受。我想象着，炼狱就像一个环境优美、设备完善的精神病医院，有最现代的和高度发达的技术，人们在神的监督之下可以平静快乐地学习。

但是，我不喜欢传统基督教关于身体复活的说教。坦率地说，我更愿把身体看成是一个局限而不是优点，我很高兴它能获得自由，而不是让我继续背负着它转来转去。我更愿意相信灵魂能够独立于身体而存在，甚至是独立于身体之外而发展。确实，所有有关濒临死亡体验的描述，都倾向于支持这一观点。

地 狱

我对“地狱”的看法也不是传统基督教式的，但我还是要因此而感谢C.S.刘易斯，本世纪最伟大的基督教作者。他的长篇小说《梦幻巴士》，写的是在地狱里的一群人的故事。故事发生在一个凄惨、黯淡的英格兰中部城市，这群人设法登上一辆去往天堂的公交车。天堂是一个明亮的、充满欢乐的、可爱的地方，他们受到了亲戚朋友们的热情问候和殷勤招待。一天结束的时候，除了一个人之外所有人都回到了公交车上，有点不清楚的是，除了一个人之外，所有人都选择了回到地狱！

为什么？刘易斯用了许多例子。长话短说，我引用下面这个例子作为代表。且说在公交车上有一个人受到了他侄子的欢迎，他对在天堂里遇见侄子感到很奇怪，因为他认为他侄子在地球上的所做所为，绝不会有这样的结果。但是他侄子正在热情地欢迎他，天堂也是这么的明亮和欢乐。那人说道：“这似乎是一个非常好的地方，我想要留在这儿。但是你知道的，我是哥伦比亚大学的一名历史教授。你们这儿有大学吗？”

侄子答道：“当然有了，叔叔。”

“我想要得到一个终身教职。”

“你当然会得到终身教职啦，在天堂里每个人都有终身职位。”

叔叔很是吃惊。“每个人都有终身职位？这怎么可能？难道你们不辨别一下，谁能胜任、谁不能胜任吗？”

侄子回答：“在这儿每个人都是能胜任的，叔叔。”

叔叔还是不放心，继续追问侄子：“你知道的，我是系主任，所以我认为我在这儿也应该是主任。”

“我很抱歉，我们没有主任。这里不是以那种方式运作的。我们每个人都很负责，工作起来协调一致，所以根本不需要负责人。”

叔叔有点气急败坏，“如果你认为我打算参加某种幼稚的组织，不区分有能力之人和乌合之众，那你就想错了。”于是，他登上公交车返回了地狱。

我对“地狱”的看法跟刘易斯很像。地狱之门是大开着的，人们能够走出地狱，而他们之所以留在地狱的原因是他们没有选择离开。我知道这不是传统的基督教思想，在许多问题上，我都偏离了传统的基督教教义。但我不能简单地接受这样一种观点，即在地狱中，上帝惩罚人们使他们看不到希望，毁灭人们的灵魂，使他们认为自己没有机会得到拯救。他不是去努力创造灵魂，尊重他们的复杂性，而是去油煎他们。

上帝的效率

人们经常问我读过哪些最有影响的书籍，而我希望自己能回答是柏拉图、亚里士多德或托马斯·阿奎那。但实际上，或许对我影响最大的书是弗兰克·吉尔布瑞斯写的《一打更便宜》。这本书是在我十来岁时偶然得到的，写的是一对夫妇的真实故事。他们有 12 个孩子，实际上，因为父母是效率专家，所以他们用极高的效率运转着他们的大家庭。这是我第一次听说“效率专家”这一概念，我当时就想：“哇，我长大了要是能成为这样的人，该是多么了不起的一件事啊！”从某种意义上，我更想说我已变成了这样的人——作为一名心理医生，我努力帮助人们更有效率地生活；作为一名演讲者和作者，我努力帮助人们更有效率地成长；更多的情况是，我与大家一起共同帮助匿名戒酒协会治疗小组更有效率地行动。

作为一个效率专家——如果我配得上的话——我钦佩在这方面做得好的人，所以我对上帝的效率充满敬畏。1982 年，我去盐湖城的一个摩门教派会议上做演讲，尽管他们给的酬金很低。因为我觉得，这将是一个使我更多了解摩门教的极好机会。临走前，我问我们的大女儿——那时她 20 岁了——是否愿意跟我去盐湖城。她说愿意。结果证明，这次出行进一步增进了我们的关系。我们在那儿结识了好几个朋友，我得到了所有想了解的关于摩门教的东西，而我的讲座也非常成功。

大约 3 天之后，我回到康涅狄格州，接到一个女人打来的电话，她想要预约一次会面。几天后她来了，见面后才得知她是一个摩门教徒。她告诉我，一方面她蒙受摩门教的培育恩惠，但另一方面又感觉非常受压抑，由此很矛盾。假如没有那次盐湖城之行，我不认为我能够这样深地理解她的两难处境。现在，在康涅狄格州西北的农村地区已没有多少摩门教徒了。她是我遇到的第一个摩门教病人。我问上帝："上帝，你送我去盐湖城就是准备让我同这个女人相遇吗？"然后，我想到自己在那次旅行中完成的所有其他有益的事情。上帝的效率使我吃惊。这次出行太值了！

我们家有一个美丽的花园，我和莉莉非常喜欢它，多年来进行着悉心照料。但是，"花园"却没有"花"。培育一个好的花园要花费大量的金钱、时间、爱心和精力。尽管如此，让我动用推土机或火焰喷射器去毁掉这个我们倾注了如此多的心血的花园，也是不可想象的。这也是我对于死后生命的感觉。尽管上帝的效率很高，但我很难理解，他投入如此多的精力去培育一个人的灵魂，难道最后仅仅是为了消灭它，荒废它吗？这肯定还有其他的意义。

天　堂

我说过了“地狱”和“炼狱”。那“天堂”又是什么样？

最近有些人说我是一个“世俗神学家”，我想这种说法是指称那些只谈论上帝但不读任何东西的人。但有一件事是真正的神学家普遍认同的，即上帝喜欢多样化。在一个慵懒的夏日午后，你坐在草地上打量着周围。甚至不用移动，你就能够看到许多不同种类的植物，听到几百种不同种类的昆虫在空中嗡嗡地叫。如果你有显微的视力，你还可以看到土壤里面混合着病毒和细菌。这多么具有多样化啊！

再看看我们人类。多年来，我不仅越来越对人类非凡的多样性感受良多，而且越来越依靠它。我们是男人和女人，非同性恋的和同性恋的，年老的和年轻的，如果我们所有人全都是一样的，这世界将是多么的单调沉闷！

因为上帝如此喜欢多样性，因此我有足够的自信可以猜测，天国绝不像我们传统所认为的那样，一群模样差不多的小天使，携带着标准化般的光环和竖琴，飞翔在朵朵白云之上；或者，就像葬礼上经常引用的句子所描述的：“在我主的房子里有许多大厦。”当我还是小孩子时，我就经常想，这只不过是一种关于尺寸的夸张表达。这意味着上帝的房子——或天国——是如此的富丽堂皇，如此的宽阔宏大，以致它能够容纳下许多大厦。现在，我则把这理解成是对多样化的一种描述。我猜想我们到达天国时，将确实能看到那儿有许多大厦，有殖民地风格的，有乡村式的，有土坯建的，有木质结构的；有的带游泳池，有的建在峭壁上，有的建在山谷中。在我主的房子里将有许多种建筑！

天国也好，地狱也好，炼狱也好，都是神学的猜测。不过我们所能做的，也只能是“猜测”。在我们通过死亡从我们的肉身获得自由以前，我们将无从知晓。

再说说“知晓”。在我信教前，我的主要身份是科学家。科学家又被称为“经验主义者”。在经验主义者看来，人类实现认知的最佳但并非唯一途径就是“经验”。所以科学家们只能借助实验去掌握一些经验，除此之外，我们从哪儿还能够学习并最终知晓呢？我正是通过自己的人生经历，才对上帝有一点点“知晓”的。

就这一点而言，我非常像另一个科学家卡尔·荣格。在生命即将终结时，他接受了一个电影访谈。在一连串相当乏味的问题之后，那位采访者最后说道：“荣格博士，您的大量作品都有宗教的韵味，请问您相信上帝真的存在吗？”

老荣格抽了一口烟斗。“相信上帝存在？”他沉思了一会儿，说道，“嗯，当我们认为某种东西是真实的时候，我们才使用‘相信’一词。但是现在，我们还没有一个实实在在的证据去支持它。不，我不相信上帝真的存在，我只知道人们的心灵需要一个上帝。”

| 结　语

心理治疗的困境

历史发展到今天，许多人都感到，美国的精神病学需要做出调整。过去 20 多年中，美国的精神病学越来越多地使用医学的模式，即更多地关注心理疾病的生物化学方面的因素。在此，我无意贬低生物化学过去几十年间在治疗和探索心理疾病方面所发挥的重要作用，也无意阻碍该领域未来的发展。然而，精神病学与生物化学过于密切的关系还是让我有些担心，这可能会丢掉传统的心理学和社会学智慧，从而将心理疾病治疗引入一种非常危险的境地，更不用说汲取这些领域的新成果了。

这绝不是杞人忧天。1987 年，我和同事对一名申请加入美国精神与神经学会的会员进行资格审查。他是一个非常聪颖的人，将近 40 岁，与其他候选人难分伯仲。我的同事要求他简述一个心理分析案例，结果他回答："我不做心理分析学研究。"因此，对心理治疗方法进行纠正和调整，势在必行。

在我看来，我们有必要讨论一下，对精神病学进行调整的可能性究竟有多大。尽管心理疾病的心理与社会因素在美国未能得到应有的重视，但它们仍然被认为是需要考虑的重要方面。忽视精神疾病的心理因素，我们无疑会误入歧途。

造成这种现象的主要原因，是人们对“精神”的误读，而在某种程度上又要归咎于我们语言的贫乏。从世界各地的情况看，人们都混淆了“精神”与“宗教”这两个概念的界限。许多人在解释“宗教”的时候，都将其定义为有严密的组织、有系统的教义、有严格的禁忌。甚至是对“宗教”的拉丁文词根，人们也都存在着异议。有人翻译成“限制”、“依靠”，有人翻译成“结合”，等等，其意义大相径庭。

在这方面，一部转折性的著作就是美国心理学家威廉·詹姆斯的《宗教经验之种种》。此书已被许多神学院列入一年级学生的必读书，但很多学习心理治疗的学生却未读过。在这本书中，詹姆斯把“宗教”定义为“寻求与一种未知秩序的和谐”。显然，他是在“结合”这个意义上来使用“宗教”一词的。在这里，我也想用它作为我对“精神”的定义。“寻求与一种未知秩序的和谐”，不是说一种教义优于另一种教义，而是所有人都必须遵守同一信条。

这是我自己的理解。在物质世界的面纱背后，的确存在着另一个未知的世界。与这个未知世界的秩序求得和谐十分有益于人类，而且这个未知的世界秩序也在寻求与我们和谐。以此推论，每个人都有他自己的精神生活，只不过很多人自己未意识到而已。许多人忽视、否认甚至逃避这样一个未知的世界秩序，但并不意味着他们就不是一种精神的动物。只能说，他们在逃避事实。一些宣称自己是无神论者的人否认上帝的存在，但他们同样相信真理、美好与社会正义，认为这是一种看不见的秩序，甚至专心致力于构建这样一种秩序，其所表现出的热情绝不亚于那些定期去教堂、会堂、清真寺和寺庙的人。从这个意义上讲，我们都是一种精神的存在，精神病学如果不能把人作为一种精神的存在，结果将会是谬之千里。

在讨论“精神”这个话题时，我希望不要剥离它的力量与意蕴。对一些人来说，包括我自己在内，这个未知的世界秩序就是上帝。上帝是不应该被轻视的。犹太教哈西德派的一则小故事颇能说明问题。有一个非常虔诚的犹太人，名叫莫迪海。一天，他在祈祷时说：“上帝，告诉我你的真实姓名，哪怕就像天使们所做的那样。”上帝听到了他的祈祷，答应了他的请求，告诉莫迪海他的真实姓名。结果，莫迪海吓得爬到床下，恐惧地叫喊起来：“噢，上帝，快让我忘掉你的真实姓名吧。”上帝听到了他的祈祷，又答应了他的请求。传教士保罗也说过类似的话：“掉进活的上帝之手是一件可怕的事情。”

我不想佯装自己知道上帝的真实姓名。我目睹了匿名戒酒协会和十二步骤疗法在表述上的一些明显功效：做出决定吧，把我们的意志和生命都交给我们心中的上帝。我无意改变这样一个表述：“我们心中的他或她。也许我过于冷漠，但我只想说明问题。”

精神病学有它自己的力量。我读书的时候，精神病学是建立在一个非常广泛的基础上的，包括生物学、心理学、社会学，远非像今天这样。导师教给我们的一个非常重要的原则是：“所有的症状都是由多种因素决定的。”许多医生、神学家、社会学家和普通人也都这样认为。我认为，美国精神病学对精神作用的忽视，也是一个由多种因素决定的症状，根源于多种历史因素和其他方面的因素，其中有五个因素最为重要。

造成今天精神病学困境的最主要、最根本性原因，要追溯到弗洛伊德、法国医师菲利浦·皮内尔、美国医师本杰明·拉什以及现代精神病学出现以前。17 世纪以前，科学与宗教基本上是合二为一的——这就是哲学。早期的哲学家，如柏拉图、亚里士多德，托马斯·阿奎那他们更倾向于科学，主张以证据为基础、以提出疑问为前提进行思考。但他们同时也相信上帝，认为上帝是世界的中心。17 世纪初，情况发生了变化，特别是 1633 年伽利略遭到宗教裁判的审判，使双方的矛盾变得异常尖锐。为了应对这一局面，在科学与宗教之间求得平衡，17 世纪末，一项口头社会契约达成了。它严格确定了科学、宗教与政府的界限，各方由此实现了和平共处。除了极少数例外，政府不再干涉科学和宗教，宗教也不再干涉政府和科学，科学也不再干涉宗教和政府。这一切，都源于这项没有文字的社会契约。

到了 20 世纪下半叶，这样一个契约显然过时了。各种新的、全然不同的契约开始出现，它几乎涉及人类生活的各个方面。而精神病学领域所发生的一切，不过是其中很小的一部分。在过去 90 年间，美国精神病学对人类智力活动的影响，远远超过了精神病学家的预想。但是，假如美国的精神病学不能做到与时俱进，那么它很可能就消亡在一潭死水中。

根据那项古老的口头契约，科学与宗教究竟都扮演了什么角色？艾萨克·牛顿当时是英国皇家学会的会长。根据这项契约，自然认知不同于超自然认知，它属于科学的范畴，两者永远不会相遇。这种分隔的直接结果，就是哲学的衰败。因为自然认知归属于科学家，超自然认知归属于神学家，留给可怜的哲学家们的只剩下一些边角料了。哲学渐渐变成了一个相对神秘的学科，沦为大学里的选修课了。昔日哲学的辉煌，如今只留下些许的残迹，最明显的就是从中世纪继承下来的一些已经过时的命题。所以在今天的大学里，一个学生在对微生物学进行多年的学习和研究后，也能获得一个哲学博士学位，哪怕他没有上过一节哲学课。

科学与宗教分离的另一个后果就是对心理治疗法的影响。教科书都强调，心理疗法也是一门科学。导师还教导我们，科学是没有价值观的。这简直就是胡说。没有价值观，你什么事都做不成，更何况心理治疗。于是，心理治疗师们开始构建一个与我们非常贴近的价值体系，并以此为依据进行治疗，这个价值体系就是世俗人文主义。

第二个重要的决定性因素是由第一点衍生出的必然后果，这就是，美国精神病学家对精神领域的忽视，实际上是对心理认知发展进程中精神病学家作用的忽视。我怀疑，如果没有对心理认知理论的充分了解，包括弗洛伊德的性心理、皮亚杰的发生认识论、埃里克森的人格发展阶段论等，精神病学专业的学生能否完成其学业。据我所知，目前的精神病学教育都未涉及这一系列心理认知发展理论。造成这一结果的主要原因就是，精神病学教育不认为教授心理认知方面的知识是他们的责任，反而认为他们不该教授这些知识。而这种认识正是历史上那个口头社会契约导致的直接结果，即把精神领域划归宗教或神学。由于精神病学明确将自己划入科学的阵营，所以也把研究领域严格限定在“自然现象”范围内。

我已经讲述了我对心理发展理论的理解和认识，概括起来就是：

第一阶段：以混乱、反社会为特征，是一个无法律秩序、缺乏精神意识的阶段。

第二阶段：以正规的、学院派为特征，严格遵守法律条文，同时附属于宗教。

第三阶段：以怀疑论和个人主义为特征，体现为以原则为基础的行为方式，但也表现出宗教怀疑论、漠不关心的特点，尽管有时也会对其他领域的生活充满好奇。

第四阶段：更为成熟的一个阶段，以神秘和普适性为特点，与第二阶段恰好相反，更为注重法律的内在意义。

你可能已经注意到，这个发展进程与性心理发展进程相类似。对于性心理理论，精神病学家们都不陌生，第一阶段应该是人生最初的 5 年，第二阶段则是性潜伏期，第三阶段是青春期和青少年时期，第四阶段则是生命的后半期。作为一个发展的过程，精神的发展进程也是依序进行，没有哪一个阶段可以跨越。

对于每一个个体而言，当他进入不同的阶段，就要根据他们的不同需要开出不同的“药方”。比如，某位科学家可能会认为自己已进入第三阶段，而他的精神可能停留在第二阶段；另一个科学家则可能说些神秘兮兮的话，标榜自己已进入第四阶段，但实际上他不过是一位精神尚停留在第一阶段的艺术家。由于性心理的发展被划分为不同阶段，因此每个人总是能与其中某一阶段或某几个阶段相对应。最后我想指出，可能有很小一部分人不适用于这样一个划分体系。比如，那些具有临界型人格倾向的人，就可能既具备第一阶段的特点，同时也不同程度地具有第二、三、四阶段的特点。所以，他们被称为“临界型人格”不是偶然的。

了解这样一个精神发展过程是非常重要的，其原因有多种，最重要的则是因为许多精神病学家本人都属于第三阶段。一方面，他们的心理发展水平比那些常去教堂的人或那些典型的信徒们更加成熟；另一方面，与为数不多但各方面都更加成熟的信徒相比，他们又略逊一筹。很多人都没注意到这一现实，结果使得精神病学家先入为主地认为，宗教是低人一等的、病态的，而且认为这些人还有很长的心路旅程要走。

导致美国精神病学忽视精神作用的第三个重要因素就是：弗洛伊德。弗洛伊德的理论在美国精神病学领域所产生的影响，远远超过了世界其他国家，巴西和阿根廷也许是例外。在弗洛伊德的家乡奥地利，他的重要性要打不少折扣，而在美国，直到今天他都还是一个重量级人物。

弗洛伊德成长和成熟的时期，恰好是那项划分科学与宗教的口头社会契约的鼎盛时期。弗洛伊德明确地把自己划分到科学领域，而且对精神领域倍感恐惧，以至于中断了与他最得意的弟子荣格的关系。如此说来，弗洛伊德也处于精神成长的“第三阶段”。

1963 年，我在医学院读书时，学院为我们这些四年级学生开办了一系列有关精神病学史的讲座，其中一场讲座从头至尾都是有关弗洛伊德的。在另外一场涉及不太重要的人物的讲座中，教授是这样说的：“由于一些莫名其妙的原因，卡尔·荣格得到了太多与其地位不相称的关注。”到此为止吧！当时，在许多普通的街头书店都能看到弗洛伊德的著作，荣格的书则难觅踪影。而今天情况恰好相反，你可能在普通的街头书店找到荣格的著作，而弗洛伊德却辉煌不再。

我相信，尽管弗洛伊德犯过不少错误，但仍不失为一位伟大的精神病学家。他为精神病学做出了如此巨大的贡献，以至于我们对此有些熟视无睹了。荣格尽管没有犯过多少错误，他所做出的努力也很重要，但他的贡献根本无法与弗洛伊德相比。也许作为一位精神病学家，他并不那么重要，但他却是一个精神和心智更为健全的人。这恰好说明了这样一个事实，即：一个人所做贡献的大小，与其心理认知所处发展阶段并不完全成正比。不管怎样，处于第三阶段的弗洛伊德对美国的影响，更进一步确立了美国精神病学的世俗主义方向。

导致美国精神病学过度世俗主义并忽视精神因素的第四个原因就是，精神病学家亲眼目睹了许多病人因宗教、或以宗教的名义而遭受到的各种伤害，这进一步加剧了他们对宗教的反感。而处于这种反感和偏见中的精神病学家，都未意识到他们是在以偏概全。

这种偏见有两种表现。第一，作为精神病学家，我们只注意到那些已经生病或受伤的人，只看到在精神成长过程中，那些被古板而冷漠的修女或其他什么人伤害的人，那些被独断专行的正统基督教父母伤害的人。我们却很少能够注意到像巴伯·罗思和埃塞尔·沃特斯这样，在他们精神成长的第一阶段，被古板而冷漠的修女奇迹般拯救了的人。

影响专门从事精神治疗的精神病学家的第二个偏见，就是病人的自我选择。许多病人更愿意找那些第三阶段的世俗派心理医生进行治疗，这是因为他们自己已经走出了精神之旅的第二阶段，已从原始宗教进入到怀疑主义、个性主义。

我之所以要反复强调了解心理认知不同阶段的重要性，最主要的原因在于，不管在哪个阶段，人都会有一种恐惧感，而在治疗过程中，它们将不可避免地交互作用。对于人类来说，人们总是习惯性地认为，那些走在我们前面的人——哪怕只比我们快一小步——是智者或领袖；然而，一个人如果比普通人高出太多，我们通常就会把他或她看成威胁甚至是罪恶。苏格拉底和耶稣的不同命运，就是很好的证明。这也就是说，那些心理认知达到较高阶段的人，未必就是最好的治疗师，能够包治所有人。或者说，自身心智尚处于第二阶段的医生，治疗第一阶段的患者也许更能对症。而处于心理认知第三阶段的医生，通常更善于去引导第二阶段的病人。而已经进入心理认知第四阶段的医生，对于那些想从第三阶段继续往前走的患者、或者刚刚进入第四阶段的患者来说，是最好的引领人。不管怎样，世俗派的心理医生已经遭到宗教教条主义者的讨伐，认为他们对人类的生活造成了毁灭性的影响。

导致美国精神病学普遍对精神因素表示反感的最后一个原因，就是那些处于心理认知第二阶段的宗教人士对精神病学的严重怀疑。事实上，宗教人士的这种态度是没有道理的，不是一种现实的、认真思考的态度。它源自一种恐惧感，比如，许多正统基督教主义者都把精神病学视为“恶魔”。

我认为，美国的精神病学目前已陷入困境。之所以这么说，是因为长期以来精神病学对精神的忽视已导致了五个方面的失败：偶然的却是破坏性的误诊；错误的治疗方法；名声越来越糟；理论研究的贫乏；精神病学家个人发展受限。而且，这五个方面的失败对精神病学来说几乎是毁灭性的，所以与其说美国的精神病学陷入困境，不如说已进入坟墓。

误诊就是很典型的例子。许多很有水平的精神病学家，他们也总是忽略或歪曲病人生活的精神层面，或者不去做出诊断，哪怕做出诊断，也是极为不全面的。为了说明这一领域的失败，我将展示两个临床案例，这都是我亲身经历的。

第一件事发生在 1983 年冬天。当时我的临床治疗遭遇麻烦，但仍在做一些心理咨询。一天，一位男子打电话，要求我为他 64 岁的妻子做心理咨询。这位妻子已在一家非常有名的精神病院住了 3 年。从男子的叙述中我得知，她是在 60 岁时突然发作精神病的，而此前她一直都很健康。在他们共同生活的 40 年里，她很好地扮演了妻子、母亲、祖母的角色。在询问的过程中，我注意到一个危险的信号。

那是她突然发病前 3 年。此前她一直是长老会成员，而且还非常活跃。有一天，她没跟丈夫或其他任何人打招呼，突然离开了长老会，加入了“合一运动”。这是一个更为自由的教派，而且同这个教派充满魅力的年轻牧师关系密切。

一个月后，我来到医院为她做治疗。在跟她单独相处的半小时里，她举止得体，彬彬有礼。虽然她曾三次调整治疗时间，但没有表现出一点沮丧。在短短半小时里，我难以对她做出基本的判断。唯一能够确定的就是，她总是回避自己的个人生活，特别是她的精神生活。在我明确指出她在回避问题后，她坚持要求结束治疗。

我反复研读了她的病历。对她的诊断有更年期心理抑郁，抑郁引发的躁狂与抑郁交替型精神病，疑似精神分裂症，疑似慢性精神综合症等。住院 3 年间，抗抑郁治疗、镇静治疗、电击治疗、心理治疗都试过，对她几乎没起任何作用。无奈，医生们一致认为，他们无法对她的病情做出准确诊断。病历没有记录任何与她精神有关的问题，她发病前在宗教信仰上的变化，也几乎没有提及。为她治疗的心理医生没有一个考虑到她的精神发展过程，没有注意到信仰改变这个特别危险的信号。于是，我决定采用全方位心理动力干涉疗法，其中包括精神疏导。然而，我的诊断没有被采纳，因为她不想在医院继续住下去了。这位妇女被转移到一个护理所，也没有再要求我为她做进一步治疗。

我不能明确告诉你们我对她的诊断是否正确。我可以告诉你们的是，她在那家著名的精神病院住了 3 年，花了大笔的治疗费，却没有医生注意到一个精神病人的精神生活，也没能做出准确的诊断，采取有效的治疗方法。说得再严厉一点，在传统诊断方法不能起作用的情况下，医生们甚至没有尝试着做出新的努力。

另外一个案例是有关一个年轻男子的，我没有见过他。他是一位很有名的世俗心理医生的病人。我们暂且称呼这位医生为泰德，他也是我在医学院读书时的朋友。1989 年，我碰巧去他所在的城市讲课，我们一起共进晚餐，有机会回顾自上次见面后 25 年间的事情。我得知，他现在专攻多重人格失调症的治疗。他很激动地向我讲起他正在治疗的一个年轻人。在这个年轻人身上，他竟发现了 52 种不同的人格特征。“他竟然称自己是犹大，真是一个糟糕透顶的家伙。”泰德评价道。

我问泰德，他是否认为这个年轻人在跟他逗趣。

“不。”泰德回答，“你为什么这么问？”

我提醒说，你肯定也遇到过这样的案例，同一个人身上有时可能多重人格并存，有时这种所谓的多重人格也可能是装出来的。泰德世俗倾向明显，因此根本没有考虑我说的话。我对此很难过。我的这位有独到见解、才华出众的朋友做出了错误的诊断，因而进行了错误的治疗，他最终甚至不让我再过问此事。

错误的诊断不可避免地会导致错误的治疗。但更糟糕的是，有时在诊断正确的情况下，医生们仍然会进行错误的或无效的治疗，而这恰恰是由于医生无视病人的精神生活造成的。这种错误治疗表现为：拒绝倾听，漠视病人的人性，未能鼓励健康的精神生活，未能与不健康的精神或神学进行斗争，未能广泛了解病人生活的重要方面，等等。

我所听到的病人们抱怨最多的是，医生们没有认真倾听病人有关精神方面的陈述，其中大多数都是一些世俗倾向明显的心理医生或社工，但根源仍是精神病学。每当病人们谈到精神方面的问题时，如心灵召唤、精神诉求、神秘经历、对上帝的信仰等，医生们总是粗暴地打断他们，直到他们回到现实的主题上来。或者至少，医生们会主动诱导病人回到更为现实的主题上。结果是，许多病人都中断了治疗。

更为糟糕的是，有些病人在医生的诱导下，索性同意不再谈论精神方面的问题。很典型的例子就是一个病人对我说的一段话：“我非常喜欢自己的治疗师。他是一个很好的人，正在努力帮助我，而且已经给了我很大帮助。但你不知道，每当我谈及精神方面的问题时，他都很害怕。我明白我不能再跟他谈论精神方面的问题。但从内心来讲，我真的不希望这样，我希望能向他全面袒露自己。有时我也想，如果我换一个更善于倾听的医生，我的病也许会好得更快。但是，想起一切要从头再来，又觉得不值得再这么折腾了。况且，我可能距痊愈已经不远了。不过，假如真的能够从头再来，我更愿意找一个更善解人意的医生。”

我还听说过很多这样的事。我并不是说每个人的精神生活都是健康的，不应该被批评的。我想指出的是，很多心理医生们不能很好地区分健康的精神生活与不健康的精神生活。

更令我担忧的，是医生们对精神病人人性的忽视。说说我曾遇到过的一位精神分裂症患者。18 年前，我在某社区医院第一次见到她时，她刚 30 岁出头，长期的疑虑、频繁发作的抑郁和冷漠、短暂的错觉、自闭、社交困难、自相矛盾、麻木迟钝、极端的社会不适应症等症状，在她身上都有所表现。就在我第一次见她后不久，她被列入残疾人社保名单，直到今天。

我离开那家社区医院后，这名女子每年都要到我家里拜访两次，每次只是随便坐上半个来小时。现在，她已经 50 岁了，表现出较为典型的慢性精神分裂症症状。在过去 18 年中，她的病情顽固而稳定。从传统精神病学的观点来看，既没好转，也没恶化，人们由此很容易得出结论：她是一个慢性的不可治愈的病人。在这些年中，她经历了从怀疑论者到对宗教产生兴趣，再到笃信宗教的过程。现在，她至少每周都要去做弥撒。我可以确信，她的信仰传统而健康，而且很老道。作为对我的关心的回报，她定期为我祈祷祝福。至少现在，我认为自己已经得到了回报。许多人都认为她在消耗生命，因为她的病情没有任何好转。而在我看来，尽管她的精神分裂症没有好转，社交能力也没有提高，但她的灵魂却得到极大的改善，在她心灵深处，一些深刻的变化正在悄然发生。

对于一些类似的慢性精神病患者，心理医生们在不知如何治疗时，总是轻易给他们判死刑，对于一些智力迟钝患者或老年痴呆患者，更是如此。但我就曾见过，一些被确诊为早期老年痴呆症的患者，他们在患病之后，精神生活方面仍发生了许多积极变化。

由于很多心理医生不能很好地区分健康的精神生活与不健康

的精神生活，所以他们也难以把自己与健康的精神生活联系起来，并积极鼓励这样的精神生活。可喜的是，一丝曙光已出现在地平线上。一些心理医生在最近发表的几篇文章中，提供了一些临床治疗案例，说明通过鼓励病人们参与健康的宗教活动或构建精神信仰体系，他们的病情出现了明显好转。

另外一个导致心理医生们做出错误诊断和治疗的原因，就是他们忽视了那些错误的思想，错误的理念，以及那些以宗教名义出现的异端。你可能会说，所谓异端，那是中世纪宗教裁判所的事。但我想提醒你的是，这些异端在今天不仅仍然存在，甚至还很活跃，影响着成千上万人的生活，影响着整个社会。许多异端可能就源自人们对某个问题的片面看法，即只看到问题的一个方面，却忽视了另一个方面。但这并不是说，“异端”说出了 50% 的真理，事实上它是彻头彻尾的谎言。

心理医生的错误诊断和治疗导致的另一个后果，就是精神病学和心理医生的名誉急剧下跌。许多人因为听说精神病学并不关注精神领域而拒绝找心理医生治疗，结果是导致了竞争。有时，竞争是一件好事。在过去 20 多年间，牧师指导这一职业的快速兴起绝非偶然。第一个牧师指导培训项目始于 1948 年。现在，在美国至少有 200 个这样的培训项目，其中许多都很有成效，许多牧师指导的工作也很出色。除非病人患有严重的精神紊乱，而不得不采用药物疗法，大多数情况下，我更愿意建议他们去找牧师指导治疗而不是心理医生。

但是，并非所有的竞争都是健康的。过去几十年间，作为对精神病学忽视精神领域做出的反应，传统基督教治疗法急剧膨胀。一方面，我称其为“新时代正统从业者”，另一方面，我也有理由质疑这种竞争的健康性。假如这是一种不健康的竞争，也是传统精神病学的错误造成的。

精神病学的“病症”同样导致了理论和研究方面的巨大失败。目前，只有在哈佛及其他几个地方，有一些很小规模的精神或宗教研究，这显然远远不能满足需要。其实，不只是精神病学存在这方面的问题，我同时也注意到，宗教也不十分赞成对精神进行研究。

非常明显的是，哪里缺乏研究，哪里就会出现理论的停滞。也许，我代表的是非主流。但另一方面，我也可以非常肯定地说，在过去几十年间，精神病学对于人格理论和心理动力学理论并未做出什么重要贡献，反而是那些牧师指导、管理咨询师、产业心理学家、神学家和诗人们对此做出了不少贡献。也许，精神病学最为严重的困境，是他们忽视了自己作为个体的精神，为自己精神的和心理的发展设置了明确的界限。

15 年前，我和妻子莉莉应邀为一家修道院做心理咨询。因为很多修女都出现了问题，这些问题与身体和心理直接相关，修道院不知该如何应对。于是，我们把修女召集到一起，一遍又一遍地说：你们都是受过良好教育的人，很多人还获得了博士学位，是爱与抚慰创伤的专家。如果说，世界上有任何一个机构有能力应对这些问题的话，那就是你们。但她们并不买我们的账。她们一遍又一遍地反驳说：但是我们并不专业，没有人教导我们如何去辨别身体与心理、心理与精神。24 小时下来，我们毫无进展。直到一个新来的人脱口而出：如果我没理解错的话，你的意思是说，作为心理医生首先要能够对自己进行心理治疗。我们也脱口而出：你说得太对了！至此，我们的心理咨询宣告成功。

所以我认为，心理医生成长的一个最基本特征就是，他首先要让这种疗法在自己身上起作用。但是，究竟该怎么发挥作用？如果他不认可自己的精神之旅，他的努力就很难奏效；如果他认可人类的精神旅程这一理念，那么他的努力就会取得效果，不仅仅是对他自己，还包括对他的病人。在这一问题上，还有很多模糊的地方。比如，他可能比病人成熟，他可能使精神病学误入一个陌生的新领域。但不管怎样，最终结果是，他的努力无论对他自己还是对病人都将更具成效。相反，假如他否认精神生活，不仅他自己的发展空间将非常狭小，他的病人痊愈的前景也很黯淡。

尽管精神病学面临着非常严重的困境，但是，解决的办法也很简单。我提出了五项措施。如果这些措施都能得到切实落实，问题就会很容易得到解决。哪怕只有一项措施得到落实，问题也会得到一定的改善。其中三项措施最好能在临床实习时实施，所以，临床指导导师应对此负起责任。

让我们从最简单的措施说起。我认为，在临床实习的第一个月，应该教导实习医生们首先了解病人的精神历史，就如同现在的实习医生都要首先了解病人的总体状况，并进行精神状态测试一样。

我曾向某著名医学院的精神病学系主任提出过这个建议。这位主任 60 来岁，还比较关注精神领域。他问我："精神历史究竟是什么？"我解释说，这其实是一个与病人交流的过程，而不是简单地问："你信仰什么宗教？是哪一派别？你一直都信仰同一种宗教、信仰同一个派别吗？如果不是，那你现在信仰什么宗教？为什么改变信仰？你是一个无神论者，还是一个不可知论者？如果你是一名信徒，你是怎么看上帝的？上帝究竟是抽象而遥远的，还是具体而亲近的？这些变化是最近发生的吗？你祈祷吗？你每天都怎么祈祷？你有过精神方面的经历吗？它们是什么样的？对你有什么影响？等等。"六个星期后，这位主任给了我书面答复："有一天，我尝试着去了解病人的精神历史，真的是太令人惊讶了！"

就是这么简单，而且非常有效。有人肯定要问，为什么人们没早点接受这一理念？如此，我们就不得不谈及精神病学领域的顽固派。在他们看来，这些问题是不是太私密了？这样问是否会让病人感到害怕？实际上，这些问题一点都不会让病人感到害怕，他们甚至很乐意接受这种询问并做出回答。我认为，感到害怕的是那些心理医生。其实，这种治疗方法不仅有助于改进心理疾病的诊断和治疗，而且也有助于让心理医生意识到他们也有自己的精神生活。

我的第二个建议就是，在心理医生的三年临床实习期内，特别是在第一年，应该让他们了解宗教或精神发展的不同阶段和过程。也许，一次讲座就能见效，读一遍詹姆斯·福勒的著作大纲也非常有效。

这样一种简单的训练与教学，不仅有助于提高心理医生的诊断能力，并且还能让他们认识到精神是处于不断变化当中的。当一个医生的自我精神生活走上正确轨道时，他就可能在正确的道路上继续前进。我相信，这样一种训练有助于精神病学家不断走向成熟。

我的第三个建议就是，在三年临床实习期内，至少应该为他们举办一场有关异端、错误的思想或假说的讲座。我相信，他们越了解神学，就越容易辨别异端和假说。

我的第四个建议就是重新修订《精神病的诊断与统计手册》。其中包括两个方面。其一，至少有两种新近被确诊的精神疾病需要认真考虑列入这本手册中，一种就是我说的“邪恶”，另一种就是“谎言”。我注意到，最近已经有一个人开始从事我所说的工作，他在自己的博士论文中就精神病诊断学分类方面存在的问题提出质疑，这些问题被他戏称为精神病学“致命的人格失调”。我相信，这篇论文将会引起关注，其观点也是值得肯定的。其二，我觉得应该认真考虑为精神病诊断建立一个精神坐标，据此我们可以尽可能接近并了解病人精神发展的不同阶段，这将有助于我们做出准确的诊断。

最后，我想说一说研究。比如，我前面提到的“释放疗法研究院”。这个研究院可以由某个专项独立基金提供支持，最好能与大学合建。与此同时，这样一个研究院还可以成为档案库或资料库，供学生和研究者随时查阅，但前提是必须确保这些档案资料的保密性。当然，大多数的研究工作都可以在现有的精神病研究机构进行。一旦精神病学进入到人类精神领域的研究，我相信，我们将迎来一个非常令人激动的新时代。

上面几项建议实施起来都很简单，问题的关键在于实施的“意愿”有多大。这也就是说，对精神病学困境的“治疗”也很简单，只是不知“病人”是否有此“意愿”。我确信，假如精神病学家们早有此意愿，那么精神病学在摆脱困境方面将早已取得成效。所以，只有在精神病学家们改变自己的态度之后，这些建议才有可能得到实施。那么，美国精神病学究竟能否改变自己以往对人类精神的漠视甚至抵制的立场，转而采取一种更为开放的态度呢?

这个问题只能让精神病学家自己来回答了。事实上，美国精神病学对人们的精神生活曾产生过巨大影响，从某种意义上说，它曾经参与推动了文明的发展。因此，我并不是简单地批判目前的精神病学模式，只是希望它采取更开放的态度。过去几十年中，精神病学陷入与医学争风的误区，只关注单一维度，或者说纯物质的因素，因此走进了死胡同，沦为药丸的推销者，而把对人类精神生活的关注丢给了神学家和牧师指导。也许，精神病学已决心走出简单的商业性精神治疗；也许，这是一个不能回避的过程；我真的不知道。我所知道的，是精神病学对人类精神生活的影响正在日益减弱。

作为一名精神病学家，我目睹了医学对人类的巨大贡献，领略了显微医学的美妙所在，与此同时，我个人也从自己在心理治疗方面盲目而不懈的努力中，一天天成长。我希望，我们这个行业的所有成员都能够如同我建议的那样，在态度上发生历史性的改变；我希望，他们在经过深思熟虑的思考之后能够选择转变，承认人类是一种精神的存在，精神病学家不仅能够在生物医学意义上对人类进行调理，而且还能为他们提供精神滋养。

斯科特·派克
《少有人走的路》系列

《少有人走的路：心智成熟的旅程》（白金升级版）

[美]M. 斯科特·派克 著

全球畅销3000万册！凤凰卫视、《新京报》、《广州日报》、中央人民广播电台《冬吴相对论》等媒体强力推荐！或许在我们这一代，没有任何一本书能像《少有人走的路》这样，给我们的心灵和精神带来如此巨大的冲击。本书在《纽约时报》畅销书榜单上停驻了近20年的时间，创造了出版史上的一大奇迹。

《少有人走的路2：勇敢地面对谎言》（白金升级版）

[美]M. 斯科特·派克 著

在逃避问题和痛苦的过程中，人会颠倒是非，混淆黑白，变得疯狂和邪恶。所以，邪恶是由颠倒是非的谎言产生的。勇敢地面对谎言，就是要让我们勇敢地面对真相，不逃避自己的问题，承受应该承受的痛苦，承担应该承担的责任。唯有如此，我们的心灵才会成长，心智才能成熟。

《少有人走的路 3：与心灵对话》（白金升级版）

[美]M. 斯科特·派克 著

每个人都必须走自己的路。生活中没有自助手册，没有公式，没有现成的答案，某个人的正确之路，对另一个人却可能是错误的。人生错综复杂，我们应为生活的神奇和丰富而欢喜，而不应为人生的变化而沮丧。生活是什么？生活是在你已经规划好的事情之外所发生的一切。所以，我们应该对变化充满感激！

《少有人走的路 4：在焦虑的年代获得精神的成长》

[美]M. 斯科特·派克 著

在《少有人走的路：心智成熟的旅程》中，作者强调的是“人生苦难重重”；在《少有人走的路2：勇敢地面对谎言》中，则说的是“谎言是邪恶的根源”；在《少有人走的路3：与心灵对话》中，作者又补充道“人生错综复杂”；而在这本书中，作者想进一步说明“人生没有简单的答案”。

斯科特·派克
《少有人走的路》系列

《少有人走的路5：不一样的鼓声（修订本）》

[美]M. 斯科特·派克 著

在《少有人走的路5：不一样的鼓声》中，斯科特·派克一针见血地指出，如果一个群体不能接纳彼此的差异和不同，不能聆听不一样的鼓声，那么人与人之间就不敢吐露心声，很难建立起真诚的关系。

不真诚的关系是心理疾病的温床，而真诚关系则具有强大的治愈力。

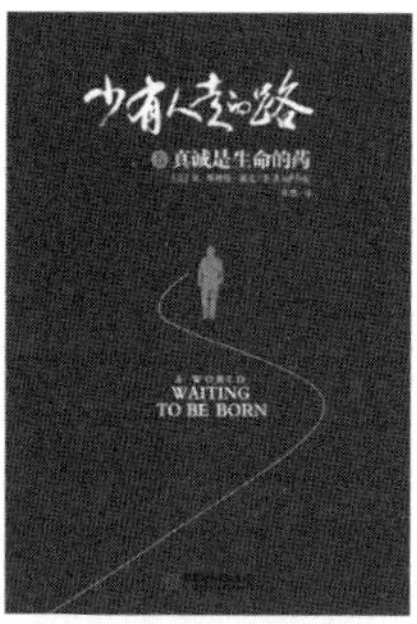

《少有人走的路6：真诚是生命的药》

[美]M. 斯科特·派克 著

作为享誉全球的心理医生，派克在本书中，以贴近生活的故事，展现了真诚对人类产生的巨大作用。书中涉及家庭教育、婚姻关系、职业等多个方面。阅读这本书，能帮助我们学会运用真诚的力量，也将为我们的认知带来重大改变。

《少有人走的路7：靠窗的床》

[美]M. 斯科特·派克 著

本书是心理学大师斯科特·派克的一次伟大尝试，他将亲历过的经典案例，变成一个个特点鲜明的人物，并借由一桩凶杀案，让人性的不同侧面在同一空间下彼此碰撞，最终形成了精彩纷呈的心理群像。这是一部惊心动魄的小说，更是一本打破常规的心理学著作。

《少有人走的路8：寻找石头》

[美]M. 斯科特·派克 著

心理学大师斯科特和妻子克服重重困难，在英国展开了一场发现之旅。他们一边破解着史前巨石的秘密，一边进行着心灵的朝圣，斯科特深情回顾了自己的一生，并以其特有的心理学视角，深入解读了关于金钱、婚姻、子女、信仰、健康与死亡等重要命题，给读者提供了审视世界的全新思路。